IMAGE

数字图像编辑

Digital Image Processing Technology

刘宁　李忠　班亮　廖丰丰　等　编著

化学工业出版社

·北京·

内容简介

本书全面剖析数字图像编辑，涵盖其发展脉络、基础概念、工具使用及在多领域的应用。本书从理论到实践，详细讲解图像处理技术与软件操作，结合丰富案例展示在数字媒体、视觉传达、产品设计、环境艺术等方面的应用成果与方法。

本书适合高校相关专业学生、数字艺术创作者、设计从业者及对图像处理感兴趣的读者，是系统学习数字图像编辑知识与技能、获取实践指导和创作灵感的实用教材与参考书籍。

图书在版编目（CIP）数据

数字图像编辑 / 刘宁等编著． -- 北京 ： 化学工业出版社，2025. 4. --（数字媒体艺术创新力丛书 / 宗诚主编）． -- ISBN 978-7-122-47412-4

Ⅰ．TN94

中国国家版本馆 CIP 数据核字第 2025KN6081 号

责任编辑：徐　娟　　　文字编辑：冯国庆　　　版式设计：朱锦贤
责任校对：宋　玮　　　　　　　　　　　　　封面设计：朱昕棣

出版发行：化学工业出版社（北京市东城区青年湖南街 13 号　邮政编码 100011）
印　　装：北京宝隆世纪印刷有限公司
710mm×1000mm　1/16　印张 10　字数 200 千字　　2025 年 6 月北京第 1 版第 1 次印刷

购书咨询：010-64518888　　　　　　售后服务：010-64518899
网　　址：http://www.cip.com.cn
凡购买本书，如有缺损质量问题，本社销售中心负责调换。

定　　价：**68.00 元**

丛书序

　　进入 21 世纪，科学技术领域推陈出新的速度更加迅速，新科技、新技术、新领域、新方法不断地被应用于生产、生活中。新的科学技术加速了信息传播的速度，改变了信息传播的载体，更新了信息传播的形式，同时也改变了人们的生活方式、阅读习惯等。数字媒体艺术专业在这样的时代背景下应运而生，其为艺术设计领域的新兴专业，研究领域涵盖了设计、艺术、科技等领域，适应时代趋势下科技与艺术结合的人才培养方向。

　　在互联网技术迅速发展的大环境下，有科学技术的支持，数字媒体艺术有了更大的发展空间。数字媒体艺术创新力丛书的宗旨是在数字媒体艺术日趋繁荣的市场背景下，培养适应市场经济需求和科学技术发展需要、能从事数字媒体艺术与设计行业的相关人才。本丛书此批共包括 6 个分册，分别为《新媒体动态设计》《用户体验设计》《数码摄影与后期》《增强现实技术与设计》《数字视频编辑与制作》《数字图像编辑》。这些书着眼于新媒体设计领域，基于各种数字、信息技术的运用，引导读者创作出具有时代特色、重创意的艺术作品。为更好地表达动态有声案例，本丛书配备相关的数字资源，共享于网络中，以更全面、更直观地展示设计案例，请读者自行下载获取。

　　数字媒体艺术为新兴的专业方向，时代的发展需求和科学技术的不断革新，对数字媒体艺术专业不断提出新的要求，因此，创新是唯一出路。本丛书从数字媒体艺术专业领域着手，本着"四新"的原则进行策划与编写，即创新教学观念、革新教学体系、更新教学模式、刷新教学内容。本丛书从基础到进阶、从概念到案例、从理论到实践，深入浅出地呈现了数字媒体艺术相关方向的知识。丛书的编者们将自己多年来教学经验进行梳理和编撰，跟随时代的步伐分析和解读案例，使读者思考设计、理解设计、完成设计、做好设计。本丛书的编者主要来自鲁迅美术学院、吉林艺术学院、辽宁师范大学、大连工业大学、沈阳理工大学、辽东学院、塔里木大学、苏州城市学院、苏州大学、常州大学等院校，既是一线的教育工作者，又是科研型的研究人员。编者在完成日常教学和科研工作的同时，又将自己的教学成果编撰成书实属不易，感谢读者朋友们选择本丛书进行学习，如有意见和建议，敬请指正批评！

宗诚

2024 年 3 月

前言

在人工智能时代，数字图像技术呈现出前所未有的蓬勃发展态势与深刻变革。数字图像编辑作为关键环节，已广泛融入人们生活与工作的各个方面。数字图像技术的形成与快速发展受计算机技术、数学理论及广泛应用领域这三个关键因素制约。计算机技术的发展，包括计算能力、存储容量和数据处理等方面的进步，都提供了强大的硬件支持；数学理论如概率论、统计学、几何学等的确立与成熟，为数字图像编辑提供了坚实的理论基础；而卫星图像、安防监控、医学影像等广泛的应用领域，则推动了数字图像技术的不断创新与变革。随着科技的不断进步，数字图像编辑必将在更多领域发挥重要作用。

本书一方面满足了应用型高校人才全面发展技能的迫切需求，为学生提供了系统、全面且易于理解的数字图像编辑知识体系，帮助他们掌握关键技能，培养适应时代需求的高素质应用型人才，为未来的职业发展奠定坚实基础。另一方面，本书推动了数字图像技术在教育领域的普及与深化，期望通过其推广，促进数字图像技术在更广泛领域的创新应用，为社会的进步与发展贡献力量。

本书由刘宁、李忠、班亮、廖丰丰等编著。本书是集体智慧的结晶，张迪、段俐敏、程承、吴世豪、杨静、赵一蔚等老师都参与了工作，这些老师不仅具备深厚的学术造诣，更在实践领域有着卓越表现。此外，研究生潘露玉、闫丽梦、陈楠、汤建军、丁来、袁洁、卞彤彤、吴诗晴、戴诗雨等也参与了本书中资料的搜集与整理，为广大读者带来了精美的图片和制作过程，对他们的辛勤付出一并表示感谢！

本书的出版得到了苏州城市学院资助立项支持。由于编著者水平有限，书中不妥之处在所难免，恳请专家和读者批评指正。

编著者

2025 年 3 月

目录

随书附赠资源，请访问 https://www.cip.com.cn/Service/Download 下载。在如图所示位置，输入"47412"点击"搜索资源"即可进入下载页面。

资源下载

47412　　　　　　　　　　搜索资源

1

第一章 绪论

Introduction

一、什么是数字图像处理

数字图像处理 (digital image processing) 是指利用计算机信息技术，对图像进行消除噪点、重建、压缩、识别、融合等处理的方式与技术。它可以对各种来源的图像进行操作，将模拟图像转换为数字形式，并利用数学算法和计算机程序来解决这些数字图像。数字图像处理也可以称作计算机图像处理，就是把与图像有关的信息变换成数字信号并借助计算机技术进行相应操作的过程。

简单来说，数字图像处理就是对图片或照片进行各种加工和处理，比如调整颜色、亮度、对比度，去除噪点，识别图像中的对象，或者进行图像压缩等。这项技术在很多领域都有广泛应用，比如医学影像分析、卫星图像处理、人脸识别、自动驾驶等。

数字图像同样也可以被视作一个二维函数 $f(x, y)$，x 与 y 代表了空间（平面）坐标，而在这些坐标内的幅值 f 被定义为图像在特定位置的亮度或色彩。二维灰度（或亮度）即只有长和宽的函数 $f(x, y)$，被称为灰度图像。彩色图像是由三个二维灰度（或亮度）函数，即有宽、高和深的三维立方体（例如 rgb，hsv）构成的（图 1-1）。如图 1-2 所示是灰度图像与彩色图像的对比。每个函数都包含有限的元素，并且每个元素都有其

(a) RGB 图像　　　　　(b) GRAY 图像　　　　　(c) HSV 图像

图 1-1　RGB、GRAY、HSV 图像范例

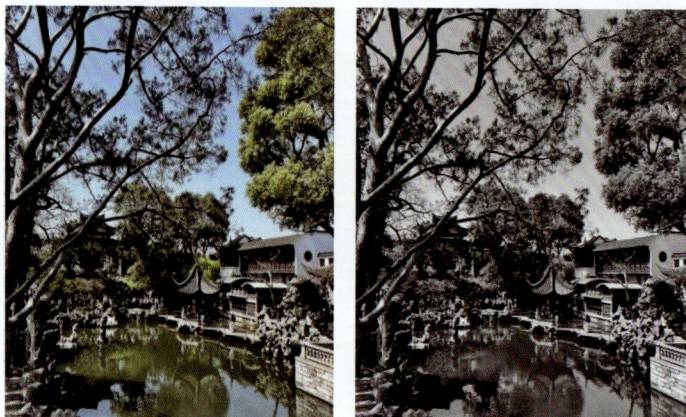

(a)　　　　　　　　　　　　　　(b)

图 1-2　灰度图像与彩色图像的对比

特定的位置和幅度。这样的元素被称为图像元素，也叫像素。计算机内的图像都是由像素显示的，也是构成图像的最小单位。当放大图像时，图像会变得模糊，变成一小格一小格的色块，从而呈现出"马赛克"的效果。像素的表现形式是一个单元格，一个数值对应着一个单元格，这个数值被称为像素值。当控制像素的颜色和亮度时，很多单元格排列在一起就成了一个丰富多彩的画面，也就是在计算机显示器上所看到的图像。

就单色图像而言，将每一个像素的亮度以一个数值来体现的话，一般数值范围在0~255之间，0即黑、255即白，其他数值就是灰度，说明处于黑白之间，RGB色彩分量全部相等（图1-3）。以红、绿、蓝三元组的二维矩阵来体现彩色图像。三元组的数值同样也在0~255之间，0即对应的基色在此像素中不存在，而255即表示对应的基色在此像素中取得最大数值。

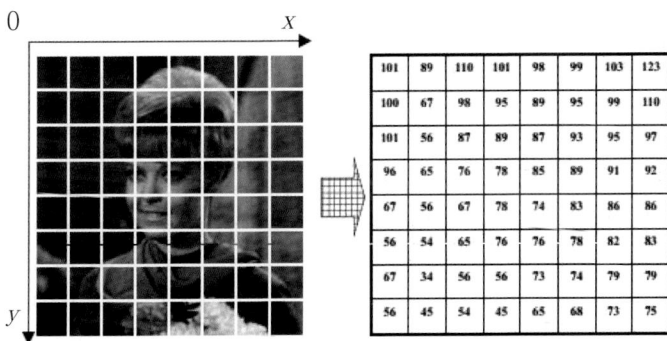

图 1-3 灰度图像的数字化表示

二、数字图像处理的起源

数字图像处理的起源可以追溯到摄影技术的初期。19世纪末，随着摄影技术的发明和普及，人们开始使用银盐胶片记录图像。这种技术虽然为人们提供了观察、保存和传播图像的新方式，但处理这些图像仍然依赖物理和化学手段，效率不高且成本较高。20世纪中叶，随着计算机技术的飞速发展，数字图像处理开始崭露头角。计算机具有强大的计算能力和存储能力，可以对图像进行各种复杂的数学运算和处理，极大地提高了图像处理的效率和效果。此时，数字图像处理技术逐渐从摄影术中分离出来，成为一门独立的学科。

在报纸领域，巴特兰（Bartlane）电缆图像传输系统（简称巴特兰系统）在20世纪20年代被首次应用，图像跨大西洋传输的时长由原来的一周以上而缩短至了3h。它把一张图片进行扫描后，再由打印机凭借特殊的字符在接收处打印出来，这就是早期数字图像的应用案例之一。如图1-4所示，初期的巴特兰系统利用5个不一样的灰度级来处理图像，到了1929年，这个系统处理图像的能力已经提升至15级（图1-5）。

图 1-4　5 级灰度图片　　　　　图 1-5　15 级灰度图片

早期图像处理的目的是改善图像的质量，它以人为对象，以改善人的视觉效果为目的。图像处理中，输入的是质量低的图像，输出的是改善质量后的图像，常用的图像处理方法有图像增强、复原、编码、压缩等。

数字图像处理的历史和数字计算机的发展趋势存在着密切的联系，数字计算机为数字图像处理提供必要的技术支持。

计算机一词可以追溯到 5000 多年前中国算盘的发明。近两个世纪以来的一些发展也奠定了计算机的基础。然而，现代计算机的基础还要回溯到 20 世纪 40 年代由约翰·冯·诺依曼提出的两个重要概念：一个是"存储"程序计算机（保存数据）；另一个是"可编程"计算机（条件可分支）。这两个概念确立了计算机硬件的基础架构。数字图像处理领域由约翰·冯·诺依曼开始了一系列至关重要的技术进步，促使计算机凭借强大的功能被人们充分运用。

简单地说，这些进步可归纳为表 1-1。

表 1-1　计算机的进步发明史

时间	创造者	计算机的进步发明
1948 年	贝尔实验室	晶体三极管
20 世纪 50~60 年代		高级编程语言（如 COBOL 和 FORTRAN）的开发
1958 年	美国得克萨斯州仪器公司	集成计算机（IC）
20 世纪 60 年代早期		操作系统的发展
20 世纪 70 年代	Intel 公司	微处理器（由中央处理单元、存储器和输入输出控制组成的单一芯片）
1981 年	IBM 公司	个人计算机
20 世纪 70 年代末		大规模集成电路（LI）所引发的元件微小化革命
20 世纪 80 年代		VLSI（超大规模集成电路）
至今		已出现了 ULSI

随着技术的不断进步，大范围的存储和显示系统也逐渐发展起来。这两者皆是数字图像处理的基础。

20 世纪 60 年代，世界上第一台大型计算机问世，标志着计算技术发展进入全新阶段。

早期的大型计算机已具备执行有意义图像处理任务的能力，这一突破性进展促使数字图像处理技术初现端倪。当时，计算机技术的应用拓展与计算资源的空间布局建设，激发了人们对数字图像处理潜在价值的探索热情。

在这一时期，科研人员率先将数字图像处理技术应用于空间探测领域。通过计算机技术优化空间探测器传回的图像，同时综合考虑太阳位置、月球环境等复杂因素的影响，成功绘制出月球表面地图，取得了令人瞩目的成果。此后，研究团队借助计算机，对探测飞船发回的近十万张照片开展更为复杂的处理工作，最终获得了高精度的月球地形图、色彩丰富的彩色图以及全景镶嵌图。这些卓越成就不仅为人类后续的登月壮举奠定了坚实基础，也正式推动数字图像处理发展成为一门独立学科（详见图 1-6 和图 1-7）。

图 1-6 "徘徊者 7 号"月球探测器　　　图 1-7 撞击月球表面 17min 前拍摄的影像

随着技术的不断成熟，数字图像处理技术的应用领域不再局限于航天领域，开始向更广阔的天地延伸，在医学领域同样绽放出耀眼的光芒。数字图像处理在医学上成果显著。1972 年美国物理学家阿兰·麦克莱德·科马克和英国 EMI 公司工程师高弗雷·纽波达·豪斯菲尔德发明了用于头颅诊断的 X 射线计算机轴向断层技术（CAT，简称 CT）装置，其基本方法是图像重建。1975 年 EMI 公司研制出全身用 CT 装置，获人体清晰断层图像，1979 年二人获诺贝尔生理学或医学奖。同时，图像处理在多领域受重视且有开拓性成就，如航空航天、生物医学等，使其成为新型学科。20 世纪 70 年代中期起，随着计算机技术的发展，数字图像处理向更高深水平发展，开始研究用计算机系统解释图像即图像理解或计算机视觉，虽有成果但仍有困难待克服。

三、数字图像处理的应用领域及案例

自 20 世纪 60 年代以来，数字图像处理技术已经呈现了蓬勃发展的趋势。除医学和空间项目的应用外，如今数字图像处理也可应用在更广泛的领域，几乎没有和数字图像处理无关联的领域。由于篇幅的限制，此次讨论的只囊括其应用领域的一小部分。以下内容将围绕数字图像处理在医疗、安防、交通、设计四个领域的应用展开。

1. 数字图像处理在医疗领域的应用

数字图像处理技术在 20 世纪 60 年代末至 70 年代初就开始用于医学和天文学等领

域。早期 70 年代发明的 CT 就是图像处理在医学诊断领域最重要的应用之一。CT 是一种利用 X 射线束对特定部位进行扫描，X 射线源绕着物体旋转，并通过计算机处理生成断层图像的影像学技术。1895 年威廉·康拉德·伦琴发现了 X 射线，由此他获得了 1901 年诺贝尔物理学奖。这两项发明虽然相隔近百年，然而如今依旧指引着数字图像处理的一些应用领域。

在医学影像方面，它可以帮助医生更准确地诊断疾病。如图 1-8 所示通过对 X 射线、CT、MRI 等图像进行分析和处理，可以检测出肿瘤、骨折、血管疾病等问题。另外，数字图像处理还可以用于手术导航和虚拟手术模拟，提高手术的精准度和安全性。在口腔医学中，数字图像处理可以用于牙齿矫正和口腔修复的设计。

数字图像处理在病理学领域能够协助病理学家对组织切片进行分析和诊断，识别癌细胞、炎症区域等。数字图像处理用于皮肤科，可以对皮肤疾病进行诊断和监测，比如分析皮肤图像中的色斑、红斑等。此外，数字图像处理还可以应用于眼科，例如眼底图像分析，帮助检测眼部疾病。这些应用都为医疗诊断和治疗提供了更准确和高效的工具。

图 1-8　医学图像处理（智慧医疗）

2. 数字图像处理在安防领域的应用

在家庭安防系统中，利用摄像头采集原始数字图像信息，考虑到受多种条件限制和随机干扰（如天气变化，照明程度），这些图像信息一般不可以直接使用，必须在早期的图像处理阶段对原本图像进行亮度校正、噪点过滤等图像预处理。处理过的图像会保存在预定的路径里，并在存储一定时间后自动删除以保证存储空间充足。家庭安防系统的一个主要特征是它的实时性，即当想用手机上的 APP 查看房间最新动态时，可以立刻获取相关信息。这里就需要用到数字图像处理中的图片压缩与解压缩技术。

此外，数字图像处理还可用于目标检测，比如检测家庭环境中是否出现危险因素。如果系统检测到报警装置发出的报警信号，就可以通过其他形式联系家庭主人（如手机短信、微信等），如图 1-9 所示。

图 1-9 智慧社区安防系统

在公共安全领域，数字图像处理技术可以用于识别犯罪嫌疑人、追踪犯罪活动等。警察可通过人脸识别技术来查找犯罪嫌疑人的行踪轨迹，或利用视频监控系统来监测公共场所的安全情况。在边境安全领域，数字图像处理技术可以用于边境巡逻、出入境管理等。海关可以使用图像识别技术来检查货物和人员的合法性，以防止走私和非法移民等活动。这些只是一些常见的例子，实际上数字图像处理技术在安防领域的应用非常广泛，并且不断发展和创新，为保障社会安全提供了重要的技术支持。

3. 数字图像处理在交通领域的应用

数字图像处理在交通领域也有广泛的应用。比如在智能交通系统中，数字图像处理技术可以用于识别车辆牌照，实现自动收费和交通管理。在城市道路的监控中，可通过图像分析来检测车辆是否存在交通违规行为，如闯红灯、超速等。此外，数字图像处理技术还可以用于交通流量的统计和分析，为交通规划提供数据支持。在自动驾驶领域，数字图像处理技术可以帮助车辆识别道路标志、行人等，确保行驶安全。车辆检测方面，主要包括外观检测、性能检测、安全系统检测和夜间车辆检测等方法。车辆识别方面，在中国，车辆分类需遵循国家标准，分为机动车（含载客汽车、载货汽车、摩托车、专项作业车等）和非机动车（如自行车、符合新国标的电动自行车等），通过机器视觉数字图像处理技术识别车牌号码，每个号码对应于某辆车，用作车牌识别、车牌定位、防伪检测、实时监控、车辆追踪、停车场管理等。

数字图像处理技术还可以应用于交通灯时间控制、车身颜色和形状识别、车牌图像特征提取处理、车牌骨架特征提取等方面（图 1-10）。

图 1-10 数字交通三维可视化

4. 数字图像处理在设计领域的应用

在设计领域，数字图像处理也有很多有意思的应用。为了实现这些应用，设计师通常需要掌握相关的数字图像处理软件，如 Adobe Photoshop、PR、AE 等。这些软件提供了丰富的工具和功能，使得设计师能够对图像进行各种复杂的处理和操作。同时，了解色彩理论、分辨率、图像格式等相关知识也是很重要的，有助于更好地运用数字图像处理技术来实现设计目标。

比如在平面设计中，可以使用图像处理软件对照片进行调色、裁剪、合成等操作，创造出独特的视觉效果。在室内设计中，设计师可以通过数字图像处理技术将设计方案可视化，让客户更直观地感受设计效果。此外，数字图像处理技术还可以用于三维建模、动画制作等领域，为设计师提供更多的创作可能性。如图 1-11 所示，平面设计师通过利用这些图像处理技术，可以创造出吸引人的平面设计作品，满足各种设计需求。

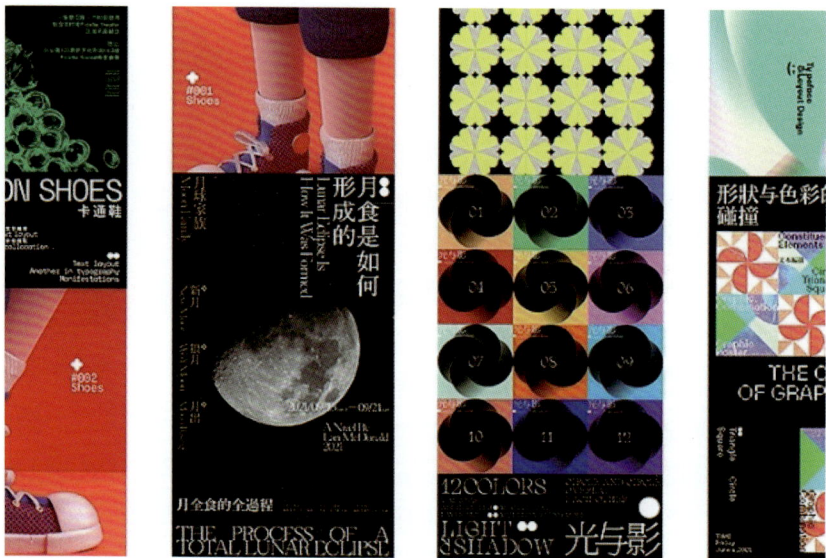

图 1-11 平面设计效果

对于室内设计系统，若图像信息不清，则无法获得良好效果。为改善质量，常使用数字图像处理技术去噪点、提信噪比，突出图像特征。对图像进行数字处理时，需要在去除噪点的同时保证图像的明显特征保留，以提升图像质量，便于后续设计工作。数字图像处理技术能提升室内设计系统的图像视觉效果与系统性能。对于室内设计，需要设计图像的色彩和材质纹样，任何物体均可作为材质纹样素材，色彩提升靠人为处理。纹理是纹样之一，纹理合成相关设计技术是当前的研究热点。纹理能够增强图像表面的细节表现，在实景效果中保证图像的逼真效果。基于室内设计特性，使用物理光照技术并开展优化处理，能够高度还原室内设计各元素的真实感，增强视觉感（图 1-12）。

图 1-12 室内设计效果

　　以下是一些在室内设计领域中数字图像处理的具体应用案例（表 1-2），这些技术可以帮助设计师更好地理解和呈现室内设计的效果，提高设计的效率和质量。

表 1-2 室内设计领域中数字图像处理的具体应用案例

应用类型	具体应用方式
3d MAX 制图	设计师可以使用 3d MAX 软件对室内进行三维制图，从而确定设计风格，再逐步制作其他空间的效果图
渲染和去噪	利用双向反射分布函数模型模拟物体漫反射，结合 Torrance-Sparrow 微面元模型模拟物体的高光反射，实现图像的渲染；通过新阈值函数的去噪算法对图像能量的分布特点加以考虑，各小波系数与自身大小相同的降噪因子相乘，实现图像去噪
虚拟现实	可让客户提前感受设计效果，增强图像的视觉效果
图像合成	将不同元素组合，展示多种设计方案
色彩分析	帮助选择合适的色彩搭配
光照模拟	模拟不同光照条件下的室内效果
材质替换	模拟不同材质效果

　　数字媒体艺术融合数字技术与艺术创意，在 5G 时代随网络技术腾飞而爆发。它包含"数字""媒体""艺术"，强调多学科交叉融合，尤其是与计算机学科，表现为数字化技术与艺术结合，在互联网、影视、游戏、设计等领域都有其身影。例如，在影视特效制作中，通过对图像的合成、变形等处理，可以创造出各种炫酷的特效。在游戏开发中，图像处理可以用于制作游戏场景、角色等，提升游戏的视觉体验。在动画制作中，图像处理可以让角色的动作更加的流畅自然。另外，在虚拟现实和增强现实领域，数字图像处理技术可以优化场景的渲染效果，让用户有更身临其境的感觉。这些应用都为数字媒体设计增添了不少魅力，让人们能够享受到更加精彩的视觉体验。

　　总之，数字图像处理在各个领域均具有广泛的应用，能够助力读者更优地理解与运用图像数据。鉴于篇幅限制，本章涵盖的内容不够周全，然而在数字图像处理的知识广度和应用范畴方面，应当能给读者留下深刻的印象。后续章节会持续围绕数字图像处理的基础与工具，并给出具体的实例，以利于读者更深入地知晓数字图像处理。

2

第二章

数字图像基础

Foundation of Digital Image

第一节　图形和图像

一、图形和图像的基本概念

图形，指的是在二维空间中能够通过轮廓划分出若干空间形状的视觉表达。它可以由线条、形状、颜色等元素组合而成。通常，图形也被称作矢量图（vector drawn），是依据几何特性绘制而成的。图形能够用计算机绘制的直线、曲线、矩形、圆等元素表示。矢量图在框架结构的图形处理领域应用广泛，特别是在计算机辅助设计系统当中，常用于描绘复杂的几何图形。它尤其适用于直线以及其他能够通过角度、坐标和距离来进行描述的图形。矢量图凭借其独特的优势，为图形处理提供了高效且精确的解决方案。矢量图的最大优点在于可任意放大或者缩小而不会失真，清晰依旧（图 2-1）。

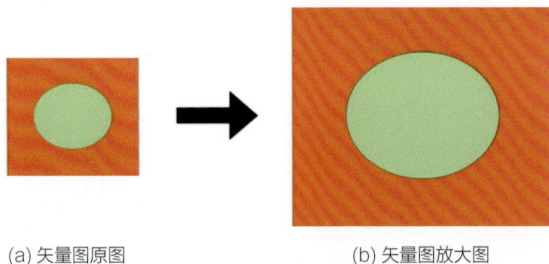

(a) 矢量图原图　　　　　　　　　　　(b) 矢量图放大图

图 2-1　矢量图示例

图像，亦可称为位图（bitmap），其信息含量通过像素为单位予以度量。位图图像亦称点阵图像，由单个像素所构成。正如细胞是构成人体的基本单元一样，像素乃是构成图像的基本单元。图像能够捕捉真实世界中的细节与颜色变化，故而常被用于记录真实世界的场景。通过照相机拍摄、扫描仪扫描以及计算机截屏等途径获取的图片，皆归属于位图范畴。位图的主要长处在于能够展现丰富多元的色彩以及细微的颜色过渡，进而营造出逼真的视觉效果。不过，在保存位图时，需要详尽记录每个像素的具体位置与颜色值，所以其对存储空间的需求相对较大。随着存储空间的增加，对计算机硬件资源的需求也会随之提高。占用存储空间越大，图像越清晰（图 2-2）。

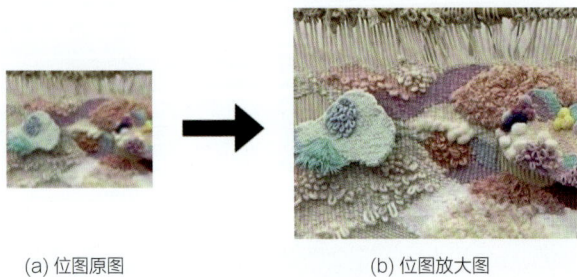

(a) 位图原图　　　　　　　　　　　(b) 位图放大图

图 2-2　位图示例

二、图形和图像的处理

图形和图像的处理都是数字图像处理的重要部分。图形处理更多地涉及几何形状和数学运算，如平移、旋转、缩放、变形等；图像处理则更多地关注像素级别的操作，如亮度、对比度调整、色彩校正、噪点去除、图像增强等。

1.图形和图像的处理方式

对于图形，处理方式主要是通过数学公式和算法来改变图形的形状、大小和位置。图 2-3~图 2-5 所示分别是通过平移矩阵来移动图形、旋转矩阵来旋转图形、缩放矩阵来改变图形的大小等。这些操作都是基于图形的矢量特性进行的，因此无论图形如何放大或缩小，其形状和清晰度都不会改变。

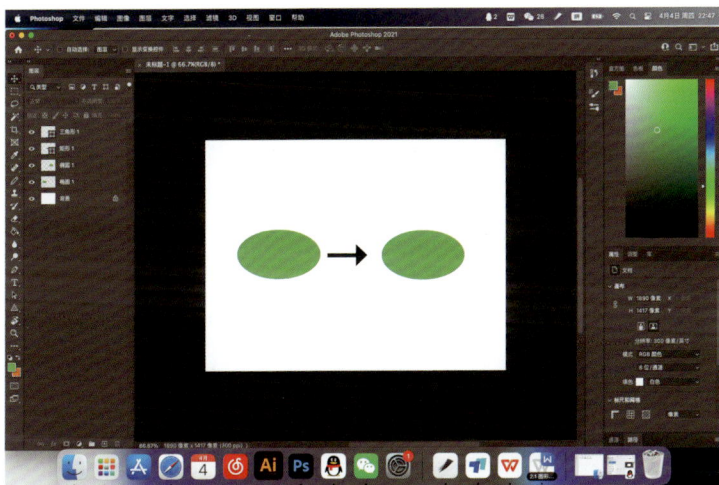

图 2-3　平移图形

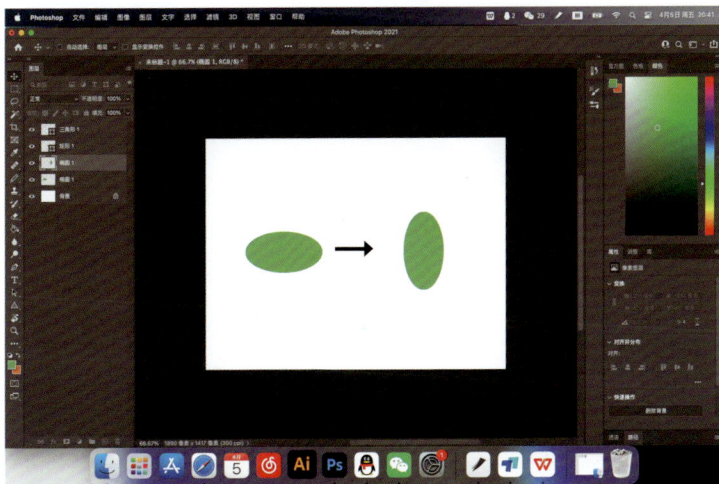

图 2-4　旋转图形

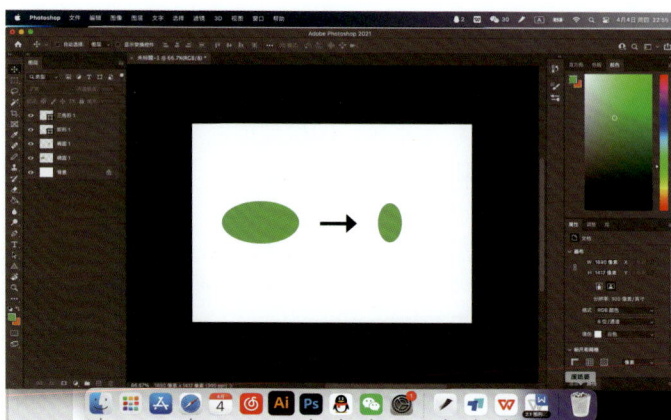

图 2-5　缩放图形

对于图像，处理方式主要是通过像素操作来改变图像的外观。图 2-6 和图 2-7 所示分别是通过增加或减少像素的亮度来改变图像的亮度，通过改变像素的颜色来改变图像

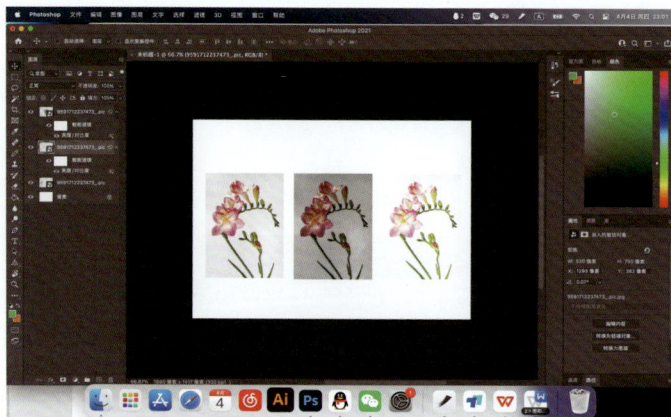

图 2-6　改变图像亮度

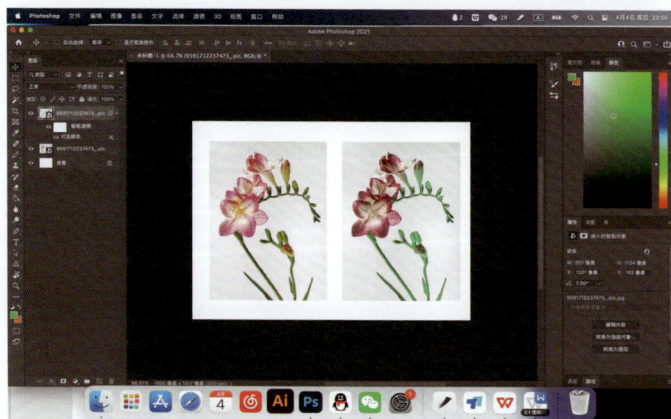

图 2-7　改变图像色彩

的色彩。这些操作都是基于图像的像素特性进行的，因此处理后的图像质量会受到原始图像分辨率和色彩位数的影响。

2. 图形和图像的应用领域

图形和图像在日常生活与工作中都有广泛的应用。例如，在计算机辅助设计（CAD）系统中，矢量图被广泛应用于绘制建筑、机械等复杂图形；在数字艺术中，图像被广泛应用于创建各种视觉效果，如照片处理、动画制作等。此外，在地理信息系统（GIS）、医学影像处理、游戏开发等领域，图形和图像也发挥着重要作用。

图形和图像是数字图像处理的两个重要概念，它们在处理方式和应用场景上有所不同，但都是数字图像处理的重要组成部分。通过深入学习与理解图形和图像的基础知识，我们可以更好地应用数字图像处理技术来解决实际问题。

三、图形和图像常见文件格式

为了存储与传输图形和图像信息，我们会使用多种文件格式。这些格式各有特点，适合不同的应用场景和需求，以下列举一些常用的文件格式。

BMP（Bitmap Picture）是一种在个人计算机上常用的图像格式，它支持从 2~32 位的色彩深度，并允许使用 Alpha 通道来表示透明度。由于其稳定性好，并且文件大小没有限制，所以被广泛应用于 Windows 环境下的图像处理。此种格式的特性在于其能够容纳丰富的图像信息，几乎不采用压缩技术。然而，这也导致其存在固有的缺陷，即占用的磁盘空间过大。因此，BMP 格式在单机环境中更为常见。

JPEG（Joint Photographic Experts Group）是一种广泛使用的图像压缩格式，它通过采用有损压缩算法，保证图像质量的同时大幅度减小文件大小，对于同一幅画面，JPEG 格式的文件以其较小的文件体积，仅为其他图形文件的 1/20~1/10，以及高达 24 位的丰富色彩表现，成为互联网上网页和图片库中的广泛选择。其高效的压缩技术确保了图像质量与存储空间的平衡，从而满足了网络传输和快速加载的需求。因此，JPEG 格式在数字图像领域中占据重要地位，为网络图像的展示和传播提供了有力支持。此外，JPEG 格式可分为标准 JPEG、渐进式 JPEG 以及 JPEG2000 三种格式。

WMF（Windows Metafile Format）是 Windows 操作系统内一种矢量图形格式。其特色在于文件占用空间小且图案造型化，然而其编辑调用功能仅限于 Office 等特定软件之内。因此，WMF 格式主要用在这些软件中创建和编辑矢量图形。

PNG（Portable Network Graphic）是一种无失真压缩的图片格式，它支持多种色彩模式，包括索引、灰度和 RGB，同时还具备 Alpha 通道等特性。这种格式的图片在展示时具有渐进呈现和流式阅读的特点，使其在互联网传播中能够迅速展现浏览结果，并随后呈现出完整的图片全貌。目前 PNG 格式主要应用于网络传播以及其他数码传媒等应用领域。

GIF（Graphics Interchange Format）是一种经过压缩的图像格式，它支持最多 256 种颜色的索引色模式。由于 GIF 格式具有文件体积小、支持动画和透明背景等特点，它被广泛用于制作网页上的小图标、按钮和简单的动画效果。

IFF（Image File Format）是一种图像格式，广泛应用于大型超级图形处理平台，如 AMIGA 计算机。此外，好莱坞的众多动作特技大片也常采用此图像格式进行处理。在处理图形时，IFF 格式通过色彩和纹理等手段，能够逼真地再现原始场景。值得注意的是，该图像格式在处理过程中所占用的运算空间，包括内存和外存等，也是非常重要的考虑因素。

四、艺术设计学科专业融合发展对数字图像处理的影响

随着艺术设计学科与数字图像处理相融合，设计师能更高效地完成创作任务。在传统艺术设计中，图形和图像处理通常是分离的，分别由不同专业人员负责。但随着设计理念的更新及技术的进步，两者开始融合，设计师能更自由地运用数字图像处理技术表达设计理念。数字图像处理软件功能日益强大，操作愈发简便，使设计师能更迅速地完成图像处理与创作，其精准性和可控性也大幅提升创作质量，让作品更契合设计师的初衷与审美要求。

艺术设计学科的专业融合为数字图像处理赋予了更多创新可能。由于艺术设计领域对数字图像处理需求增多，相关技术和工具持续更新升级。设计师开始探寻更高效、智能和创新的数字图像处理方法，以满足变化的设计需求。这种创新既推动了数字图像处理技术进步，也为艺术设计领域创造了更多可能。

艺术设计学科的专业融合也给数字图像处理带来了更高的挑战与要求。随着设计需求的多样与复杂，数字图像处理需具备更全面的技能和知识。设计师不仅要熟练掌握各类数字图像处理工具和技术，还需拥有深厚的艺术素养和设计理念。这种挑战和要求促使数字图像处理专业人员不断学习与进步，为艺术设计领域的发展提供坚实支撑。

艺术设计学科的专业融合还促进了跨学科交流与合作。设计师能与其他领域专业人士携手，共同探索数字图像处理在不同领域的应用与发展。这种跨学科交流合作既拓宽了设计师的视野与思路，也为数字图像处理的应用与发展提供了更广阔的空间。

伴随科技不断进步和数字化时代深入发展，这种融合将更紧密和深入，为艺术设计和数字图像处理领域带来更多机遇与挑战。

第二节 模拟图像

模拟图像与数字图像之间的区别，实质上源于它们表示和处理图像信息的方式。模拟图像以其连续的物理量为基础，如电压或电磁波，这些物理量在显示、传输和处理过程中都呈现出连续的特性，与数字图像所依赖的离散像素结构形成鲜明对比。模拟图像，如传统的胶卷照片和电视信号，它们所携带的信息是直接与现实世界中的连续变化相对应的，这赋予了模拟图像独特的连续性、平滑性和直观性。

尽管模拟图像的处理在灵活性和精确性上不及数字图像，但仍有一系列基本处理技术可以应用于模拟图像。例如，通过调整亮度、对比度和色彩等参数，可以有效地改善模拟图像的质量。此外，模拟图像处理还可以借助一些特殊的设备和技术，如滤镜、暗房技术等，来创造出更多样化的视觉效果。

尽管数字图像处理技术在许多领域已经逐渐取代了模拟图像的地位，但模拟图像仍然在一些特定场合中发挥着重要作用。例如，在某些艺术领域，模拟图像所具备的质感和视觉效果是无法被数字图像所替代的。模拟图像所展现出的细腻纹理和色彩过渡，为艺术家们提供了更多的创作空间和灵感来源。并且，在一些需要实时传输和显示的场合，如电视广播、视频监控等，模拟图像由于其连续性和实时性而具有独特的优势。

在光学研究中，模拟图像以其高度的真实性和准确性，为科学家们提供了丰富的物理信息。通过模拟光的传播、干涉、衍射等现象，科学家们能够更深入地揭示光的本质，为光学技术的发展奠定了坚实基础。此外，在电磁学领域，通过模拟电磁波的传播、散射、吸收等过程，研究者们能够更加深入地理解电磁现象，进而推动无线通信、雷达探测等领域的技术进步。

除了光学和电磁学外，模拟图像在材料科学、流体力学、生物学等多个领域中也具有广泛的应用。例如，在材料科学中，通过模拟材料的微观结构和性能，研究者们可以预测材料的性能表现，为新材料的设计与开发提供有力支持。在流体力学研究中，模拟图像可以帮助科学家们分析流体的运动规律，为水利工程、航空航天等领域的实际应用提供指导。在生物学领域，模拟图像则有助于揭示生物体的生理结构和功能，为生物医学研究提供有力支持。

第三节 数字图像

一、数字图像的基本概念

数字图像可被视为一个二维函数 $f(x, y)$，其中 x 和 y 分别代表空间（平面）内的坐标点。对于任意的坐标点 (x, y)，函数 f 所对应的值即为该点在图像上的强度或灰度值。若 x、y 及灰度值 f 均取自有限的离散集合，则该图像被定义为数字图像。数字图像由有限数量的基本单元构成，每个单元均具备特定的位置与幅值，这些单元被称为图画元素、图像元素或像素。在实际应用中，像素是表示数字图像元素的最常用术语。

数字图像是以数字化形式进行存储与处理的，所以可以用计算机直接读取、编辑、传输及展示。其特性主要包含离散性、可编辑性与可复制性。目前，数字图像的处理与分析在计算机视觉、图像处理及医学影像分析等领域中，已成为不可或缺的重要研究议题。

二、数字图像处理

数字图像处理是利用数字计算机进行图像分析与操作的过程。图像数字处理与计算机视觉有连续性但界限不明，通常依复杂程度和目标分为低、中、高三个层次。低级处理着眼基本操作以改善质量，中级处理涉及复杂任务并输出特征，高级处理着重深度理解内容，此为最高层次。数字图像处理从低级到高级、从简单到复杂，计算机从基本操作发展至深度理解。

数字图像处理是综合性过程，涵盖获取、存储、传输、增强、分析及理解等核心环节。实现这些步骤依赖对比度调整、色彩校正、噪点去除和图像增强等算法及软件工具。其因高精度处理和极大灵活性广受欢迎，使自动化和智能化处理成为可能。随着计算机和人工智能技术革新，数字图像处理在各领域的应用日益拓展。

三、数字图像的多元场景价值释放

随着科技的迅猛发展，数字图像技术的重要性愈发显著，其应用已广泛渗透到各个领域。作为图像处理与分析的关键技术，数字图像正以强大的功能，为人们的生活与工作带来巨大便利，创造显著效益。

1. 计算机视觉领域的核心驱动力

在计算机视觉技术体系中，数字图像无疑是核心支撑要素。以自动驾驶技术为例，系统借助数字图像对行人、其他车辆、交通标志等障碍物进行精准检测与识别，从而确保车辆在复杂路况下的安全行驶。在图像识别与人脸识别等应用场景中，数字图像同样发挥着无可替代的作用。人脸识别技术通过对数字图像中人脸特征的分析比对，能够快速、准确地完成身份验证，目前已在安防监控、金融交易等领域得到广泛应用，极大提升了身份核验的效率与安全性（图2-8、图2-9）。

图 2-8 数字图像用于识别行人、车辆、交通标志等障碍物

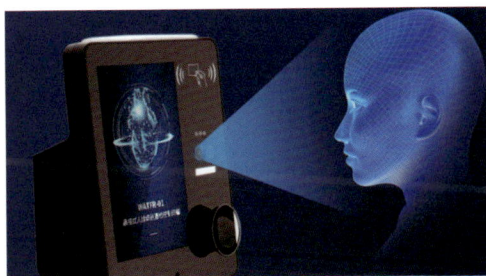

图 2-9 人脸识别

2.医学影像分析领域的关键支撑

在医学影像分析领域，数字化转型彻底革新了传统诊疗模式。借助数字图像处理技术，医生得以通过精准的图像解析实现病情诊断，并据此制订个体化治疗方案。数字图像不仅能在短时间内整合器官结构、组织代谢等多维数据，更在手术导航与放射治疗中发挥关键作用——通过精准定位肿瘤边界、评估病变特征，为治疗方案的优化提供量化依据，显著提升临床操作的安全性与治疗有效性。此外，基于数字图像的三维重建与增强处理技术，可直观呈现病灶细节并强化图像可读性，助力医生更精准地把握病情，推动诊疗效果迈向新维度（图 2-10、图 2-11）。

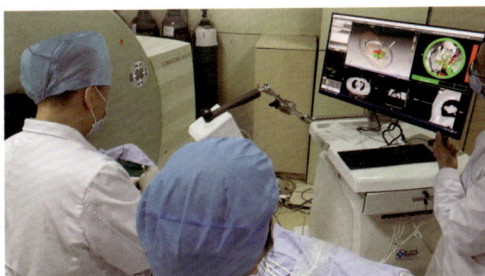

图 2-10 手术导航

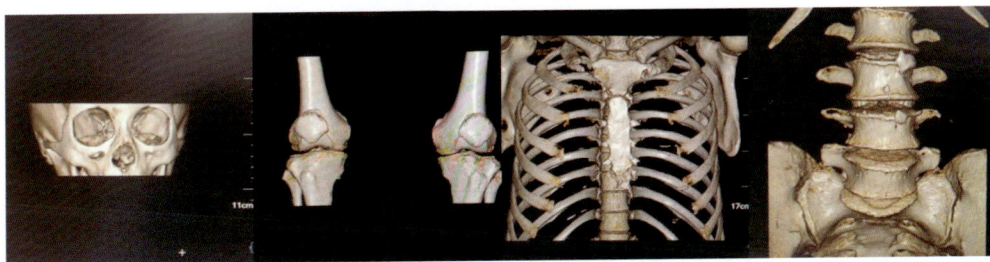

图 2-11 医学影像的三维重建

3.安防领域的智能防护应用

在安防领域，数字图像处理技术构建起立体化的安全防护体系。视频监控系统作为核心应用，通过摄像头矩阵与智能分析模块，实现对公共场所、重点区域的全天候实时

监测——不仅能自动捕捉异常画面并触发预警，更能为事后追溯提供高清影像证据，有效遏制盗窃、抢劫等违法犯罪行为，成为守护城市安全的"数字天眼"。而人脸识别技术的深度融入，进一步拓展了安防场景的应用边界：从智能门禁系统的无接触身份核验，到支付场景的生物特征认证，其通过精准的人脸特征比对，在提升通行效率的同时筑牢安全防线，让"刷脸"成为保障生命财产安全的可靠屏障。

4. 娱乐领域的创意体验构建

在娱乐产业的数字化进程中，数字图像处理技术成为打造沉浸式体验的核心引擎。电影制作中，其通过特效渲染、虚拟场景搭建与动态图像合成，将想象力转化为震撼视觉奇观，重塑观众的感官认知；游戏设计领域，高精度数字图像构建的虚拟世界，以细腻的画面质感与生动的场景交互，为玩家打造超越现实的沉浸式体验空间。

随着技术迭代，数字图像在虚拟现实（VR）与增强现实（AR）领域持续拓展应用边界：VR 借助立体图像渲染与场景建模，构建可交互的虚拟环境，让用户获得"身临其境"的代入感；AR 则通过虚实图像叠加，将数字信息自然融入现实场景，创造兼具真实感与科技感的互动体验。从银幕到游戏终端，从虚拟世界到现实叠加，数字图像处理技术正以前所未有的创造力，重构娱乐产业的体验范式，引领人类进入"所见即所感"的数字娱乐新纪元。

第四节　数字图像的类型

一、黑白图像

黑白图像中没有其他颜色过渡，是由非常鲜明的黑色或白色构成的图像。这种图像的优点是可以占用较少的存储空间，缺点是它不能够描述较为复杂的画面，比如风景、人物的细节，最终只能展示数据较少的边缘信息，画面整体呈现较为规整的剪影或图形（图 2-12）。

(a)　　　　　　(b)　　　　　　(c)

图 2-12　黑白图像展示

黑白图像的像素在只有黑色和白色两种灰度等级的情况下，在二维矩阵中只用 0 和 1 来表示，因此它又被称为二值图像。在许多数字图像工具中 0 和 1 是必备的，因为 0 代表"关闭"，表示目前操作界面的图像处于背景中；1 代表"打开"，表示该图像处于前景中。在这种模式下，可以更快地识别出图像的基本轮廓特征，操作者可以更方便地使用数字图像处理工具编辑图像。

当利用相关数字图像处理工具对黑白图像进行操作与处理时，其形式及与结构有关的信息也只能在黑白图像之间往来。如果希望对其他类型的图像也做同样的操作，便需要将其转化为黑白图像，这种格式的转变被称为"二值化"。

在数字图像处理中，若需将其他模式图像转换为便于分析且能突出特征的黑白图像（即二值图像），关键在于从 0~255 的灰度范围内选取合适"阈值"。具体操作是：将像素灰度值大于阈值的部分转换为白色，小于阈值的部分转换为黑色，以此实现图像特征的简化与关键信息的凸显，为后续数字图像操作奠定基础。根据阈值确定方式的不同，二值化算法分为固定阈值和自适应阈值两类，常见方法包括双峰法、P 参数法、迭代法以及 OTSU 法等。

因此，黑白图像也经常被称为二值图像、黑白、B&W 单色图像等，在许多数字图像处理工具中经常被作为图像掩码使用，或者在日常的图像输入、输出设备中也有使用，比如传真机、激光打印机等（图 2-13）。

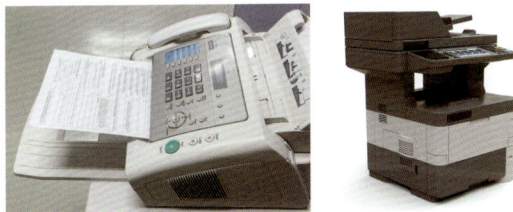

(a)　　　　　　　　　　　　　　(b)
图 2-13　传真机和激光打印机

二、灰度图像

1. 灰度图像的定义

灰度图像的每个像素都是采样像素，有 256 个灰度级，人眼通常能识别约 100 个，0 为黑，256 为白，其余是黑白间灰色。计算机中，黑白图像只有黑白两色，灰度图显示 0~256 间不同灰色，理论上这些灰色可为不同颜色的亮度或深浅。

通常，彩色图像的 RGB 模式由红、绿、蓝三通道组成，以 Photoshop 为例，其 RGB 缩览图中灰度深浅代表三通道颜色在彩色图像中的比重，通道是显示图像的基础（图 2-14）。

(a)

(b)

(c)

图2-14 红、绿、蓝通道举例展示

灰度图像有8个采样位、256个灰度级，优点是增加图像精度，避免条带失真，易于编辑；缺点是作为彩色图像辅助编辑程序，不能展示图像丰富性。

2. 灰度分层和彩色编码

人类肉眼能区分几千种色彩，但只能识别约20种灰色，因此常对灰度图像做假彩色处理，按准则给灰度值赋色，用色彩代表图像灰度。灰度分层和颜色编码是假彩色处理最早、最简单的方式，取灰度值将像素分两级编辑颜色，把灰度图变成彩色图。

图 2-15 中，（a）是部分心脏灰度图像，对其部分灰度值进行分层并加以颜色编码后，得到彩色图像（b）。对比可知，图（a）中的灰度变化难以察觉，而图（b）中相同部位的灰度变化却较为明显。在灰度图像的恒定区域内，实际灰度变化幅度可能较大，但仅凭肉眼很难区分，因此需要进行分层编码处理。通过改变相关参数，便能了解灰度的变化特性。不过，当物体纹理均匀时，利用灰度变化进行分析就会存在一定难度。

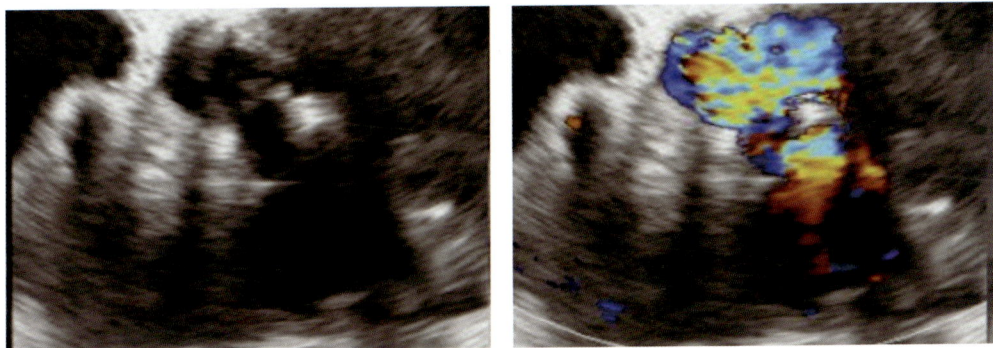

(a)　　　　　　　　　　　　　　　　(b)

图 2-15　心脏灰度分层后进行彩色编码

图 2-16 中这种分层和编码方式应用广泛，如分析焊接裂纹降错提效，电视台播报天气预报时对卫星云图编码以了解气象及预警。

(a)　　　　　　　　　　　　　　　　(b)

图 2-16　卫星云图灰度分层后进行彩色编码

三、彩色图像

1. 彩色图像的定义

彩色图像在数字图像处理工具中会以多种形式来呈现色彩，而不同的呈现方式就叫作图像的色彩模式或者色彩空间。通常色彩图像在实际使用中，计算机显示器、摄像机等设备使用的是 RGB 色彩模式，打印设备通常使用 CMY 和 CMYK 色彩模式，还有可以适用于灰度级处理的 HSL 色彩模式。彩色图像相较于黑白图像和灰度图像的优点在于，彩色图像可以展现图像丰富的色彩，也可使图像处理更加精确、全面，如图 2-17 所示。但由于色彩图像处理需要考虑多通道信息，处理速度相对较慢，计算成本也较高。

图 2-17　色彩图像 RGB 模式展示

2. 彩色图像的色彩模式分类

在现实载体中，彩色图像的呈现依赖不同色彩模式，如显示器等多使用 RGB 色彩模式，打印机等常采用 CMYK 色彩模式。颜色又称色彩、色泽，是眼、脑和人们的生活经验对光的颜色类别描述的视觉感知特征。对颜色的感知来自可见光谱中的电磁辐射对人眼视锥细胞的刺激。颜色是由光反射所产生的，这种反射是由物体的物理性质决定的，如光的吸收、发射光谱等。但人对颜色的感觉不仅仅由光的物理性质所决定，还包含心理等许多因素，比如人类对颜色的感觉往往受到周围颜色的影响。有时人们也将物质产生不同颜色的物理特性直接称为颜色。

RGB 色彩模型基于笛卡儿坐标系几何结构，将光的三原色红（R）、绿（G）、蓝（B）按比例叠加混合得各种颜色（F），如白色 R、G、B 值均为 255，黑色均为 0。

F 的计算公式如下。

$$F（色彩）= R（红色百分数）+ G（绿色百分数）+ B（蓝色百分数）$$

在 RGB 彩色空间中，如图 2-18 所示，每个像素均由红、绿、蓝 3 个字节组成，每个字节为 8 位，表示 0~255 中不同的亮度值，计算后可以得出能产生 1670 万种不同的颜色，因此通常也被简称为 1600 万色、千万色或 24 位色。在生活中绝大多数的可视光都是在三原色的基础上混合叠加的，在电视机、计算机屏幕中就经常使用，因为它一般能显示 100 万种以上的丰富色彩。

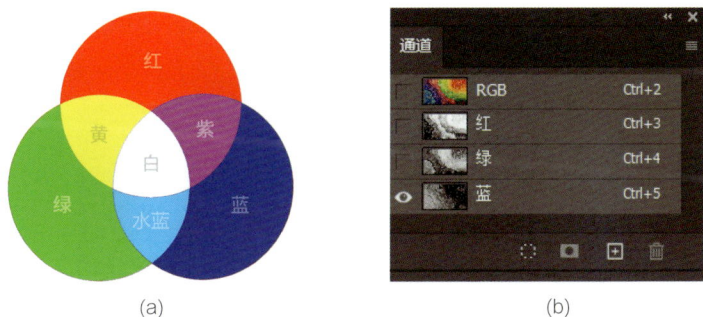

图 2-18 RGB 色彩模型

CMY 是青色（Cyan）、品红（Magenta）、黄色（Yellow）三色的简写，如图 2-19 所示，是颜料的原色，也是二次色。所谓二次色，即是由两种不同的三原色按比例调和出来的，比如当白光打在黄色颜料表面时，表面不会产生蓝光，而白光由等量的红、绿、蓝光组成，黄色颜料在反射时从反射的白光中减去了蓝光。

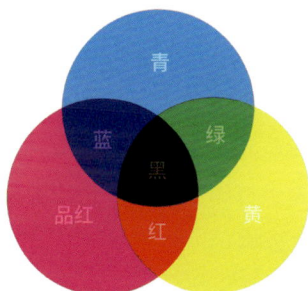

图 2-19 二次色叠加展示

日常生活中需要进行彩色打印时，由于青色墨水、品红墨水、黄色墨水不是纯色，所以只能得到较深的棕色。因此，为了色彩准确度，打印时会在颜料中加入真正的黑色（Black Ink），此刻 CMY 色彩模式就变成了 CMYK 色彩模式，也就是"四色印刷"。

因此在印刷时，RGB、CMY、CMYK 三种色彩模式转换，其公式如下。

RGB 模式转为 CMY 模式的计算公式为：

$$C = 1 - R$$
$$M = 1 - G$$
$$Y = 1 - B$$

CMY 模式转为 CMYK 模式的计算公式为：

$$C = C(1 - K) + K$$
$$M = M(1 - K) + K$$
$$Y = Y(1 - K) + K$$

在现代数字图像处理工具中（以 Photoshop 为例），可以快速将图像 RGB 色彩模式转换为 CMYK 色彩模式，虽然正常情况还会存在一些色差，但是还可以在 Photoshop 中调整色相、饱和度来校准图像色彩，如图 2-20 所示。

图 2-20 RGB 模式转化为 CMY 模式

即使将图像从 RGB 色彩模式转化为 CMYK 色彩模式，实际打印出的颜色还是会与显示器上的色彩存在一定程度的差异，一部分是因为一种色彩模型转化为另一种色彩模型时造成的误差，另一部分取决于打印设备本身是否做到色彩校正，同时，不同质量的油墨与纸张也同样会对色彩产生影响。

HSL 即色相（Hue）、饱和度（Saturation）、亮度（Lightness）。色相（H）是色彩的基本属性，也就是颜色名称，如蓝色、红色等。饱和度（S）是指色彩的纯度，数值越高色彩越纯，数值越低则逐渐变灰，数值取在 0~100% 之间。亮度（L）是表示发光强度的消除色概念，是描述色彩感觉的关键要素之一（图 2-21）。HSV 中的 V 是明度（Value），在 0~100% 中取值，数值越高图片越亮，数值越低图片越暗。同时 HSV 也被称为 HSB，因为 B（Brightness）翻译为亮度，与明度意思相近。

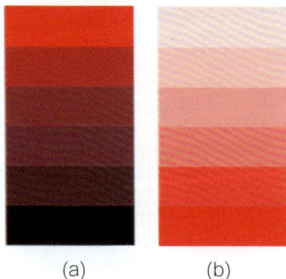

(a)　　　　(b)

图 2-21 饱和度、亮度效果展示

从呈现图像色彩的最终效果来说，HSV 反映颜色的物理属性，HSL 反映颜色的心理属性。L 是亮度，即颜色所展现的深浅程度。V 与 B 是明度与亮度的意思，可以理解为合成某一种颜色所需要的最大量纯色光。颜色会由深变浅，就是因为合成颜色的某一种纯色光强度不断从小至大增强，当增强至极限时，色彩就不会变得再浅，如果想变得更浅，就需要融入白光。如图 2-22 所示，深蓝的光强度很低，增强光的强度，会变成天蓝，如果再增加到极致，天蓝的深浅程度也不会再发生改变，那么此时融入白光，天蓝就会变成浅蓝。

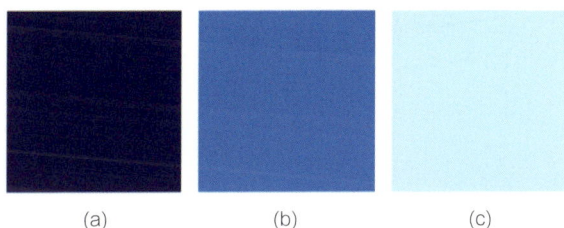

(a)　　　　　　　(b)　　　　　　　(c)

图 2-22　深蓝、天蓝、浅蓝变化展示

　　HSV 模型通常用于计算机图形应用中。在用户需要为特定图形元素选择颜色的各种应用环境中，经常使用 HSV 色轮。在其中，色相表示为圆环；可以使用一个独立的三角形来表示饱和度和明度。这个三角形的垂直轴指示饱和度，而水平轴表示明度。在这种方式下，选择颜色可以首先在圆环中选择色相，再从三角形中选择想要的饱和度和明度 [图 2-23 (a)]。

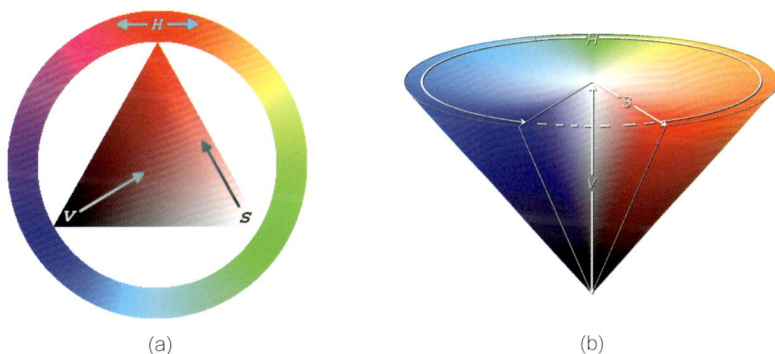

(a)　　　　　　　　　　　　　　(b)

图 2-23　HSV 图示
H—色相；S—饱和度；V—亮度

　　HSV 模型的另一种可视方法是圆锥体，色相被表示为绕圆锥中心轴的角度，饱和度被表示为从圆锥的横截面的圆心到这个点的距离，明度被表示为从圆锥的横截面的圆心到顶点的距离。由于其三维本质，因此并不适合在二维计算机界面中选择颜色。HSV 色轮允许用户快速地选择众多颜色；HSV 模型的圆锥表示适合于在一个单一物体中展示整个 HSV 色彩空间 [图 2-23 (b)]。

　　HSL 类似于 HSV，能更好地反映"饱和度"和"亮度"作为两个独立参数的直觉观念。在软件中，通常以一个线性或圆形色相选择器和在其中为选定的色相选取饱和

度和明度 / 亮度的一个二维区域（通常为方形或三角形）形式提供给用户基于色相的颜色模型（HSV 或 HSL）（图 2-24）。通过这种表示，在 HSV 和 HSL 之间的区别就无关紧要了。

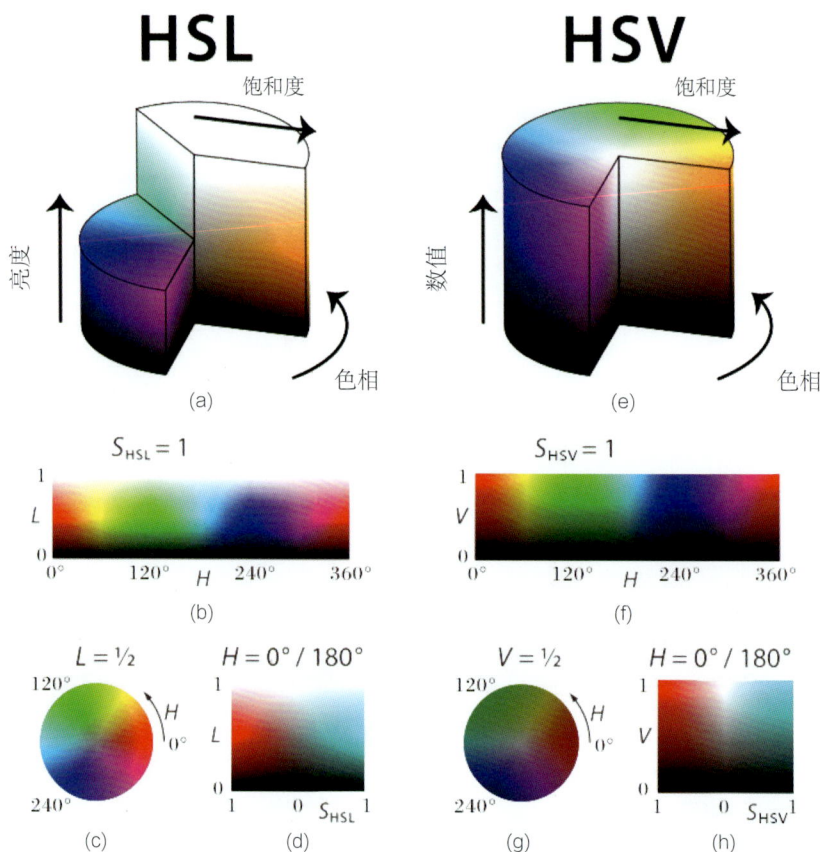

图 2-24　HSL 和 HSV 对比

注：上半部分 [图 2-24(a)(e)]：两者的 3D 模型截面。

下半部分 [图 2-24(b)~(d)、(f)~(h)]：将模型中三个参数的其中之一固定为常量。

　　从 HSL 和 HSV 对于颜色描述来看，都是描述圆柱坐标系内的点，在表示目的上相似，但是呈现方式有所区别。HSL 的色相、饱和度、亮度可以被认为是倒圆锥的数学模型，HSV 的色相、饱和度、明度是一个描述双圆锥体和圆球体的数学模型。从物理属性来看，HSL 明暗对称，但是 HSV 明暗无法对称。从 RGB 色彩模型中光的三原色混合即为白光可知，白光就是所有可见光混合形态，暗就是没有可见光。因此，在 HSV 或 HSB 色彩模式中白色的饱和度为 0，黑色的 V 和 B 可以是任何值。在 HSL 模式中，黑色和白色的饱和度可以为任何值，不管是什么颜色，达到最深就是黑色，达到最浅就是白色（图 2-25）。

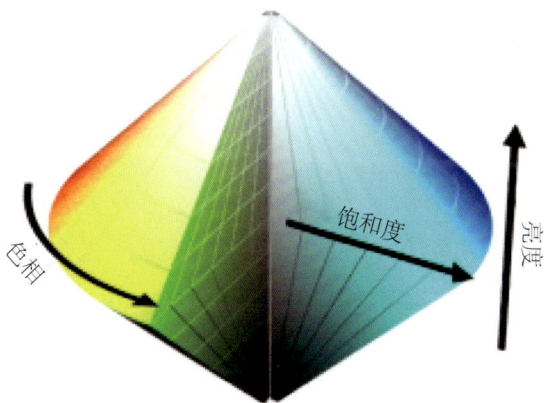

图 2-25 HSV 色彩模式

　　在已知的色彩模式里，RGB、CMY、CMYK 这三种适合现代许多硬件设备使用。以 RGB 为例，它常用于摄像机、电视机、显示屏上显示图像，这种色彩模式下，用红、绿、蓝三色光来混合叠加出不同的色彩，是呈现图像色彩最理想的状态。但是这种色彩模式对色彩的描述也存在许多局限性，不能很好地描述某种现实物体的实际颜色，也不能依靠三幅原色图像就能够叠加出单幅图像的色彩。所以在描述某一实际物体的颜色时，也会用到饱和度、亮度、色相。

　　实际使用过程中，很多人不会选择 RGB 或 CMYK 色彩模式，而是更偏爱使用 HSL 或 HSV，其本质就是因为这两种模式可以自然而直观地描述比 RGB 更准确的图像色彩。

　　人类肉眼虽然可以分辨不同的色彩，但是因为个体差异的存在，对于颜色的感知也不同。同理，显示器、打印机、摄影机等设备作为不同的个体，对于色彩的显示也会有所不同，甚至不同设备的计算机之间对于同一张彩色图像也会有不同色差的显示。因此在使用这些设备时，必须进行色彩校准。

　　最终打印的效果是否能够做到较小的色彩误差，取决于是否在计算机上进行了色彩变换。所以如何在显示器与输出设备之间保持高度的颜色一致性，是色彩校准至关重要的一步，这种情况下必须使用一个与设备无关的色彩模型，这个模型需要将显示器和输出设备相关联起来。通常这种与设备无关的色彩模型大多使用 CIE $L^*a^*b^*$ 模型，也称 CIELAB。这种模式下的色彩空间包含了整个可见光谱，也可以准确地表示任何显示器、输入设备的颜色。

　　对于校正后的彩色图像，系统允许独立地调整颜色之间的差异，以达到最终有较小色彩误差的打印效果。虽然有时因为墨水、纸张、打印设备性能的问题，造成打印出来的彩色图像与显示器上显示的彩色图像存在微弱区别，但是这种误差在使用较好的硬件设备与材料后，也是在可控范围之内的。

3

数字图像处理基础工具

Basic Tools for Digital Image Processing

在当代社会中，数字图像处理工具已经成为各行各业日常工作、生活必备的工具，其性能随着科技进步不断推陈出新，以适配各领域最前端的工作需求。本章具体分析数字图像工具的发展现状，并逐一举例阐述。

第一节 数字图像处理工具的发展历程

一、数字图像处理工具的起源

20 世纪 20 年代，因报纸行业信息传输需求，横跨英国和美国的海底电缆将第一幅数字照片仅用 3h 便传送成功，当时若不借助电缆则需一周送达。

20 世纪 60 年代，科技发展促使人类史上第一台能处理图像的计算机诞生，标志着数字图像处理工具进入快速发展阶段，借助计算机可实现更高级、更丰富的处理。

20 世纪 60 年代末至 70 年代初，数字图像处理工具起初仅用于空间项目开发，然后用于医学、天文、地球资源观测等领域。重要的里程碑是发明 CT 装置。人类史上第一台 CT 装置可扫描人头部界面投影，传数据至计算机获截面重建（图 3-1），1971 年成功完成首例临床患者头部 CT 扫描并生成图像。

数字图像处理工具借助计算机、人工智能等科技成果高速发展，性能不断适应时代需求。至 20 世纪 80 年代，应用于地理信息系统、工业监测、遥感等方面的技术已十分成熟，80 年代卫星传回的图像已十分清晰（图 3-2）。

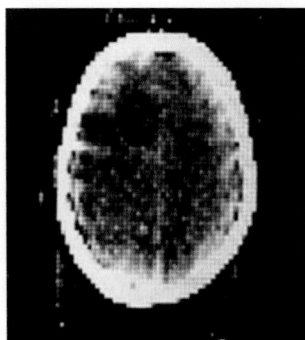

图 3-1 第一幅头颅断层 CT

图 3-2 卫星图像

20 世纪 90 年代初，小波理论和变换方法的诞生，为数字图像处理工具的发展添入助燃剂，使其能够更好地对图像进行分解与重构。

至 20 世纪末，英国先驱艺术家沃克·福雷开始尝试将数字图像工具引入艺术创作领域。如图 3-3 所示，在 1977 年上映的科幻大片《星球大战》中，首次将数字图像处理工具运用至电影，一方面改变了整个行业的制作方式，另一方面改变了传统的观影方式，自此数字图像工具席卷整个电影界。观众从数字化的影片中感受到了从未有过的视觉盛宴，比如《泰坦尼克号》中的沉船、《侏罗纪公园》中的恐龙等。电影行业因为各类数字图像工具的发展、配合，进入了一个全新的数字影像领域。

图 3-3　电影《星球大战》海报

二、数字图像处理工具的现代发展概况

进入 21 世纪，高新技术产业高速发展，社会各行业步入互联网信息化时代，数字图像处理工具凭借强大技术理论成果，应用于日常生活。

起初，数字图像处理工具需借计算机将图像信息转为二维数字信号，以适应多种操作。然后随着移动设备出现，其载体范围扩大，成为各领域辅助工作必备。许多当代青年艺术家用手机拍摄，将日常所见转存为照片或视频，作为后期创作素材（图 3-4），最终形成预计效果的艺术作品。

(a)　　　　　　　　　　　　　　　　　　(b)

图 3-4　手机摄影作品

在艺术领域，数字图像处理工具一方面改变了传统艺术的呈现方式，让许多受制于现实条件而无法被广泛传播的文化，通过新型形式进行传播。比如南京云锦研究所使用数字图像工具，制作了《万寿中华》这幅云锦技艺作品的 3D 立体建模动态视频，极大限度地拓宽了云锦制作工艺的传播途径（图 3-5），让这项古老的工艺摆脱时间、距离的束缚，在移动端随时随地近距离欣赏。

图 3-5 《万寿中华》

另一方面，数字图像处理工具的发展加快了全球化进程，自然而然地也让更多的艺术家用其功能特点开创新颖独特的艺术风格。比如大卫·霍克尼使用数字图像处理工具合成人像的方式进行创作，将作品与摄影相结合。大卫·霍克尼的这种各类独特的拼贴艺术作品形式，被称为"霍克尼式拼贴"（图 3-6）。

(a)   (b)   (c)

图 3-6 霍克尼式拼贴作品

从传统的艺术形式到新颖独特的艺术表达，数字图像处理工具都在其中扮演极其重要的角色。它极大地构架起传统与创新之间的桥梁，也丰富了艺术作品在视觉感受上的冲击力。

基于当前社会的形式，科技不断进步的同时，对于数字图像处理工具的需求也会日益增强，其在未来各类领域的应用也会有十分强烈的技术需求，不停歇地研发并迭代性能、形式、操作，已成为必然趋势。

第二节　数字图像处理工具的类别

一、数字化采样工具

数字化采样工具主要用于对真实世界的解构，将生活中的真实场景转化为数字图像，其格式多为 JPEG、TIFF、BMP、MP3 等。以上图片、视频的常用格式各有其特点，但主要都是为了便于存储、传输和编辑。

1. 数字图像拍摄设备：照相机、数码相机等

数码相机出现前，用胶片相机拍摄，胶片相机拍摄和呈现需独立配件配合，易受外界影响，成片稳定性差，有不定因素。且胶片成像和储存格式决定照片后期人工修正范围小，不能放很大尺寸，因此拍摄很不便捷。数码相机采用数字化媒介，采样、储存、传输便捷，后期修正选择多，智能性强，拍摄时可调试多种参数，成片稳定，操作方便快捷（图 3-7）。数码相机能自动对焦、测光，曾被称为傻瓜相机。数码相机作为最初数字化图像采样工具，极大地激发了大众对数字化图像的热情，为后期新颖艺术形式奠定了基础。

图 3-7　数码相机

2. 数字图像扫描设备：平面扫描仪、三维扫描仪等

扫描设备的工作原理是将可见光、高能光束等直射物理实物，利用物体会吸收特定光波的原理，将没有被吸收的光线反射到光学感应器上，感应器接收到信号后将其传送到模数转换器，数模转换器会将其转换成计算机能读取的信号，这种信号可以在计算机内进行流转，从而创建数字模型。这种数字图像扫描设备的使用，打破了物理和虚拟之间的隔阂，极大丰富了图像的多样性。

在实际使用中，这种数字图像处理工具常用于数字文物典藏、电影制作、游戏创作等。如图 3-8 所示，在雕塑创作中，设计师可以使用三维扫描仪扫描雕塑造型，并将其采集到的数据导入专业的三维设计软件中，在软件中可以随心对模型进行放大、缩小、修改等操作，极大地减少试错成本，缩短制作时间，扩大创作途径。

(a)　　　　　　　　　　　　　(b)

图 3-8　雕塑实物和虚拟建模

二、数字化编辑工具

在当代社会中，各领域的工作内容都在进行数字化迭代，以前杂乱的案前文字工作现在都依托于计算机进行辅助，数据可视化已成为现代人工作必备流程。在社会高度需求下，各类专业级别的数字图像工具研发迅速。不同类别的数字图像处理工具，可以处理的内容各不相同，大体可以分为图像、视频、特效等。

此类数字图像处理工具专业化程度较高，需要依托计算机进行数据处理，其操作具有一定难度，要进行专业的培训学习才能够使用。

1. 图像类编辑工具

如图 3-9 所示，这三款图像类处理软件都是由 Adobe 系统公司研发并发行的，其中 Adobe Photoshop（PS）和 Adobe Lightroom（LR）主要处理以像素所构成的数字图像，其功能在于可以有效地对图像进行编辑、修复、剪裁、合成等，被广泛应用于印刷、多媒体等行业。Adobe Illustrator（AI）是处理矢量图的图像处理软件，支持创建多种路径与形状，有无限放大或缩小都不影响图像清晰度的特点，可以满足不同设计层面的需求，主要应用于工业标准矢量插画、书籍排版等行业。

(a)　　　　　　　(b)　　　　　　　(c)

图 3-9　图像类编辑工具展示

2. 视频类编辑工具

如图 3-10 所示，Adobe Premiere Pro（PR）是 Adobe 系统公司开发的一款视频编辑软件，与剪映专业版、Final Cut Pro、DaVinci Resolve 等都是现阶段市面上视频编辑类普遍使用的工具，广泛用于视频段落的组合和拼接，并提供一定的特效与调色功能。其中剪映除了支持在计算机上使用外，近年来也支持在平板、手机等移动端使用，其操作简单，功能齐全，带有丰富的滤镜和模板，能让没有从事过专业训练的人也可以轻易操作，让视频剪辑变成一件简单高效的事情。

(a)　　　　　　　(b)　　　　　　　(c)　　　　　　　(d)

图 3-10　视频类编辑工具展示

3.特效类编辑工具

如图 3-11 所示，Adobe After Effects（AE）是 Adobe 系统公司推出的一款图形视频处理软件，可与该公司出品的 PR 进行搭配使用。其性能与 Nuke 一样，也是在制作复杂的合成图像时，比如虚拟玄幻的场面、大型征战场面等，必备的特效类编辑工具。

(a)　　　　　　　　　　(b)

图 3-11　特效类编辑工具展示

这类特效编辑工具都属于视频后期软件，能够高效且精确地创建无数种引人注目的动态图形和震撼人心的视觉效果。主要应用于电视剧、电影、动画等产业的后期制作，为动画制作公司、后期制作工作室以及多媒体工作室必备的数字图像工具。

三、其他数字图像处理工具

从目前数字图像工具的发展而言，其不断细化、智能化、便捷化是大势所趋。依托自媒体行业兴起，移动端科技产品适应时代潮流，手机、平板等便携式设备不断推陈出新，成为普罗大众日常生活的必备品，各类能够适配移动端的数字图像处理工具也百花齐放。

这类搭载于移动端的数字图像处理工具门槛较低，主要依照前面提及的专业化图像处理工具 PS、AE、PR 等，在功能上做出简化、模板化处理，让没有经过专业培训的人也能够一键式"傻瓜"操作。

1.移动端图像处理 APP

如图 3-12 所示，这类移动端图像处理软件功能非常强大，不仅支持一键美化、素颜上妆、滤镜叠加，一键式抠图等智能操作，还可以调整光感、色彩饱和度、噪点等细节问题，在软件自带的素材库中还存储海量素材、贴纸、特效，使用者动动手指就能一键处理画面，让修图进入便捷时代。

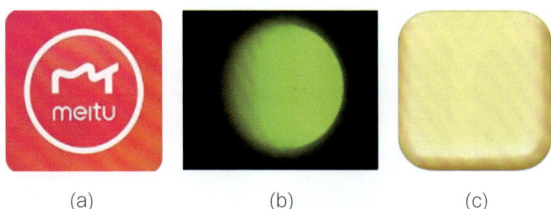

(a)   (b)   (c)

图 3-12 移动端图像处理 APP

2. 移动端视频处理 APP

如图 3-13 所示，在自媒体、Vlog（Video Blog，Video Log，意为影片博客，也称为"影像网络日志"）兴盛的现代社会，这类移动端视频编辑工具几乎与修图软件一样，成为年轻人手机必备 APP。与前面提及的 PR 等专业级软件相比，移动端视频编辑软件有较为全面的剪辑功能，却没有复杂难懂的操作界面，十分好上手，在其自带的素材库中可以自由选择滤镜、美颜、特效与曲库资源，使用者还可以依据审美选择已搭配好的视频剪辑模板，分秒之间一键式生成高质量视频作品。

(a)   (b)   (c)

图 3-13 移动端视频处理 APP

四、新型数字图像处理工具

人工智能技术的快速发展，为数字图像创作领域提供了新的方向，乘大势而来的人工智能（Artificial Intelligence，AI）能够替代简单重复的工作，在诸多行业已成常态，比如近年在数字图像处理工具领域引起诸多争议的智能 AI 绘图。

DALL·E 是 2021 年推出的一款图像生成系统，其功能在于只要输入书面文字，就可以依据文本生成画面。虽然很多时候因为数据不足，生成的画面光怪陆离，但经过海量数据的训练后，可生成较为符合要求的图像。

这种图像生成系统的优点在于，可以依据文本要求，迅速生成大量与主体挂钩的图像，相同时间内人类正常操作是无法达到这一效率的。它让复杂的艺术技巧程序化，成为人人都可以参与的创作，促进了艺术的普及化、大众化。

但是不可否认的是，人工智能并没有人脑的创造力，呈现效果取决于算法机制，即相同的数据库和内容，不同的算法结果也会随之发生变化，有时能产生许多啼笑皆非的画面。从大多数生成的作品来看，它最终呈现的画面基本以拼贴、合成的方式呈现，结果虽然多元化但死板僵硬（图3-14）。随之而来的版权问题也是近些年争议不休的话题，但人工智能代替简单重复的工作已是大势所趋，即使是从手绘制作动画的年代而来的宫崎骏先生，在时代变化以后，也开始结合数字化手绘工具来帮助动画制作。

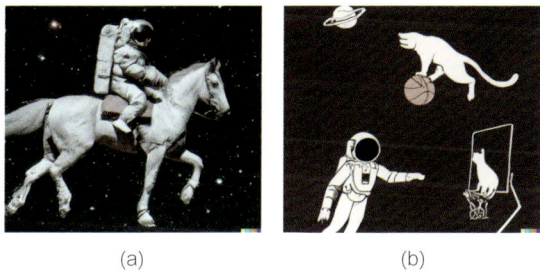

(a)　　　　　　　　　(b)

图 3-14　DALL · E 生成图像

人类社会文明的进程不可阻挡，DALL · E 在未来进行更新迭代后，可帮助设计师解决设计工作前期草稿图、概念图部分，极大缩短创作上的时间。

第三节　数字图像处理工具的未来趋势

数字图像处理工具的迅速发展，在很大程度上得益于第三代数字计算机的问世。图像作为人类交流信息的直接方式之一，其处理必然与人们的日常生活相关。在这种形势下，伴随科学技术的持续进步，数字图像处理工具的应用领域因市场需求而拓展，总体呈现出智能化、多元化、便捷化三大趋势。

一、智能化

从当前时代与科研的发展方向来看，未来数字图像处理工具会与更先进的三维技术、人工智能有效结合，其趋于智能化是必然，是人类文明成果。从需要大量专业知识才能操作到普通人在移动端一键生成，降低数字图像处理工具使用门槛仅需数年。

在快速发展的科技助力下，基于深度学习的图像识别分类、AI绘画、三维虚拟空间构建等逐渐扩大使用范围、降低门槛，推动大众艺术在社会生活中蓬勃发展。

二、多元化

从数字图像发展历史可知，其最初源于报纸行业的图像传输需求，后因计算机和电子产品获得更大发展空间，适配各领域。数字图像处理工具在图像存储、传输及编辑重构方面具技术优势，在医学、地理、艺术等领域发挥作用，图像数据类型多元，如假彩色图片在航天、气象领域有价值。

未来，数字图像处理工具将与虚拟现实（VR）、云计算、传感等结合，构建三维虚拟空间，助建智慧城市，增强交互性，让传统艺术以新形式传播，为传统文化赋能，在安全、娱乐、军事等领域前景广阔。

三、便捷化

从第一台计算机被发明开始，数字图像处理工具的功能就依托其性能特质。而后随着设备的不断更新迭代，开始出现移动端，即平板、手机等，数字图像处理工具为适配社会人群需求，开始支持一键式"傻瓜"操作，其快捷性有目共睹。

这就表示数字图像处理工具在应用时，普遍需要依托电子产品丰富的算法结构，相较从前只能依托计算机的传统模式，更具有灵活便捷性。随着硬件设备和软件算法的不断提升，数字图像处理工具将实现精度和效率的双重优化升级，便于民众日常的工作和生活。

第四节 数字图像编辑软件——Photoshop(PS)

一、概述

Photoshop 简称"PS"，是一个由 Adobe 系统公司开发和发行的图像处理软件（图3-15），由托马斯·诺尔和约翰·诺尔在 1988 年首次发布，其最初作用是让黑白位图显示器显示灰阶图像。历经数十年的演变之后，Photoshop 已经成为数字图像处理领域中功能最为强大的软件之一，可以让用户高效的创建、编辑和绘制图像。

图 3-15 PS 打开界面

二、PS 软件的界面

1. 主界面

主界面由菜单栏、工具栏、状态栏、图层面板、属性面板、颜色面板等组成(图3-16)，熟悉这些界面的使用是基础。

图 3-16 PS 主界面

2. 新建图像文档

（1）新建。在创建一个新的图像文件时，可以选择在菜单栏中的【文件 – 新建】选项，或者使用快捷键 Ctrl+N（图 3-17）。

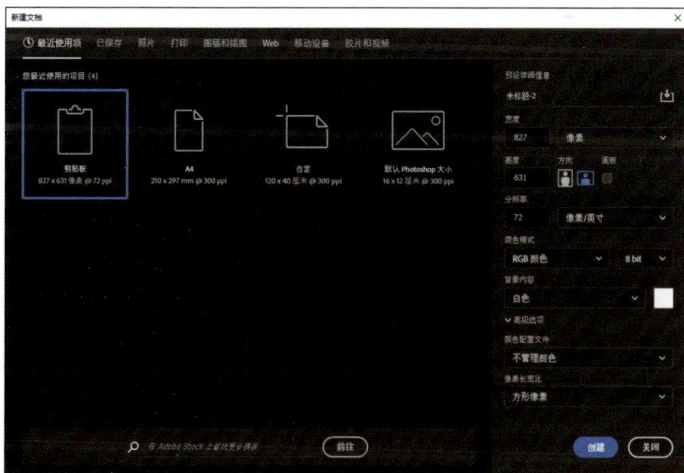

图 3-17 新建图像文档

在需要对已有的图像文件进行编辑操作时，可以选择在菜单栏上的【文件 – 打开】选项或者使用快捷键 Ctrl+O，也可在文件中选择需要打开的图像文件，直接拖拽至 PS 文档中。

（2）命名。文件名称可以在新建的时候命名，也可以在结束后命名存储。

（3）尺寸。图片的尺寸包括宽度和高度，尺寸可以在设计过程中进行更改。尺寸单位有像素、英寸、厘米、毫米、点、派卡（图3-18）。

图3-18 尺寸单位

（4）像素。图像的基础单元就是像素，在计算机屏幕上观察到的图像都是由一系列类似于马赛克的小块组成的，这些小块就被称作像素（Pixel）。每个像素包含了特定的颜色信息，而这些像素的集合形成了完整的图像。一个分辨率1920×1080的图像，其实就是指这个图像的宽度由1920个像素组成，高度由1080个像素组成，总共大约有207万个像素。随着像素密度的增加，图像的细节和清晰度也随之提高；相反，如果一个图像的像素数量很少，当放大这个图像时，就会看到像素本身，导致图像看起来像是由小方块组成的，这种效果通常被称为"像素化"。因此，像素的概念是数字图像处理和显示技术中的基础，它直接影响到图像的质量和显示效果。

（5）分辨率和色彩模式。PS分辨率一般分为四种情况，分别设置为四种数值。第一，运用于打印照片这种对精度要求高的对象，为了不丢失像素造成清晰度不够，分辨率一般设置为300dpi及以上，颜色选择CMYK模式。第二，运用于手机页面和网页页面中显示，分辨率一般设置为72dpi即可，颜色选择RGB模式。第三，运用于喷绘形式主要分为两种：对于普通的印刷喷绘，不用设置太高，分辨率设置为45dpi以上即可；对于大型的喷绘布，对画质的要求要比普通的印刷喷绘要求高，因此颜色需要选择RGB模式，同时分辨率设置在150dpi以上即可。

3.图层

（1）图层概念。在PS中，图层是图像处理的基本单位。它类似于透明的薄膜，每一层上都可以放置一个图像或图形，多个图层可以相互叠加，最终形成一个完整的图像。每一层可以单独编辑，而不会影响其他图层的内容，提供了非常大的灵活性和创意空间。图层的使用使得图像处理变得非常灵活和可控。例如，可以在一张照片上添加文字，通过调整图层的透明度和位置，使得文字和照片融合得更加自然。还可以创建多个图层，分别对每个图层进行不同的编辑，最后合并图层，得到一个完整的效果。

层除了具有透明度和混合模式外，还可以调整顺序，以及添加各种效果。在 PS 的实际修改应用中，用户通过工具执行的任何操作都会留下记录，只要没有生成最终效果图，用户就可以对设计中的任何元素进行修改。下面的案例有两个图层，一个是远山图层，另一个是竹子图层（图 3-19）。

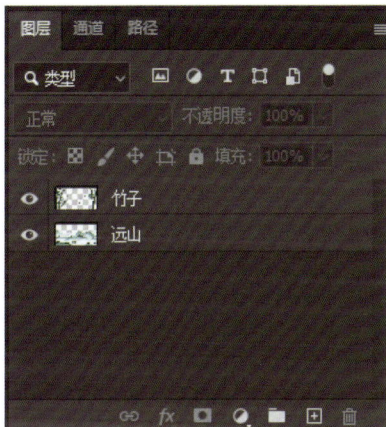

图 3-19　图层

如图 3-20 所示，红框和蓝框分别代表一个图层，这两个图层都没有覆盖整个画面，所以有透明的地方，也有不透明的地方，当两个图层叠在一起的时候，看起来就是一个完整的图像。

一个图层如果底部出现灰白小方块，则代表这个部分是透明的，等于是直接显露出最底层透明背景（图 3-21）。

图 3-20　多图层展示

图 3-21　图层叠加

（2）图层类型。创建了图层之后，可以在图层上进行绘制、插入图像或文本，并对图层进行编辑、调整。还可以通过拖动图层来改变图层的位置，调整图层的透明度来实现图像的混合。PS 中有多种类型的图层，如图 3-22 所示，不同图层的特点和功能不尽相同，操作和使用方法也不相同。

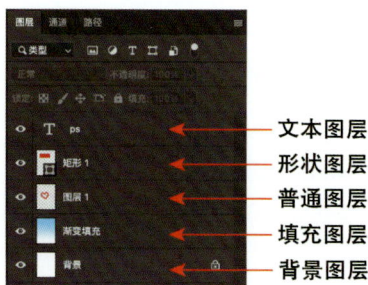

图 3-22　图层类型

①文本图层。通过使用图像编辑界面中的"文字工具"，可在图像上直接输入文本，此操作将自动创建一个文本图层。该图层专门用于管理和修改图像中的文字信息，提供文字编辑和格式调整的功能。

②形状图层。该图层是通过选取工具栏中的"形状工具"或"路径工具"来创建的，旨在存储矢量形状数据。形状图层允许插入和编辑矢量图形，这些图形可无损缩放，保证了在不同尺寸和分辨率下的图形质量。

③普通图层。普通图层为透明无色的基础图层，主要用于放置和编辑图像内容。

④填充图层。填充图层是专门用于为图像提供颜色或纹理填充的图层。可以利用填充图层改变图像的背景色彩或添加特定的填充效果，以增强视觉效果或强调图像主题。

⑤背景图层。背景图层位于图层的最底层，是一个默认的不透明图层，通常在创建新文档时自动生成。每个图像仅能拥有一个背景图层，该图层的排列顺序、混合模式和不透明度均不可更改，并且会被默认锁定，以确保图像的基础背景稳定性。

（3）图层面板。在PS中，图层面板提供了一系列对图层进行精确控制的工具和功能。利用图层面板，能够更方便地执行多种操作，包括创建、复制、删除图层，以及控制图层的可见性，如显示或隐藏特定图层。此外，图层面板还支持高级功能，如图层合并、锁定、分组及重命名。图层面板的设计还考虑了图层属性的调整，允许添加图层蒙版，调整图层样式，以及修改图层的混合模式等（图 3-23）。

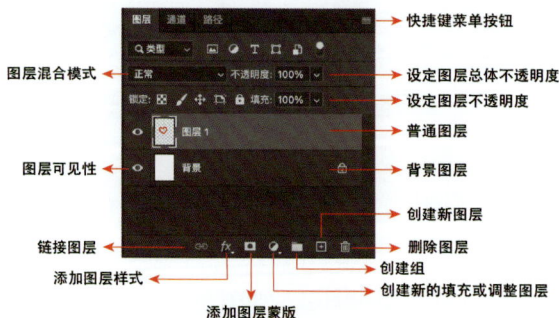

图 3-23　图层面板

（4）选择图层。选择图层的步骤如下。

①选择一个图层：在图层面板中单击目标图层即可选中。

②选择多个连续图层：在单击第一个图层后，按住 Shift 键单击最后一个图层。

③选择多个不连续图层：按住 Ctrl 键，逐个单击目标图层。

（5）图层图像的分布与对齐。在 PS 中，如果要对两个或者两个以上的图层进行对齐，可执行【图层－对齐】下拉菜单中的命令进行操作。

（6）合并图层。合并图层的步骤如下。

①向下合并。将当前图层与其下面的图层进行合并，可以执行菜单栏上的【图层－向下合并】命令，或者按快捷键 Ctrl+E，注意合并时下一个图层必须为可见。

②合并可见图层。将图层面板中的所有可见图层合并，而隐藏的图层不会被合并。

③合并多个图层。可以先选择需要合并的几个图层，然后执行菜单栏上的【图层－合并图层】命令。

4. 基本工具

常用的基本工具有移动工具、选框工具、魔棒工具、直接选区工具、画笔工具、油漆桶工具等，需要其他工具时可以点开"…"编辑工具栏，从里面拖拽出想要的工具进行使用（图 3-24）。

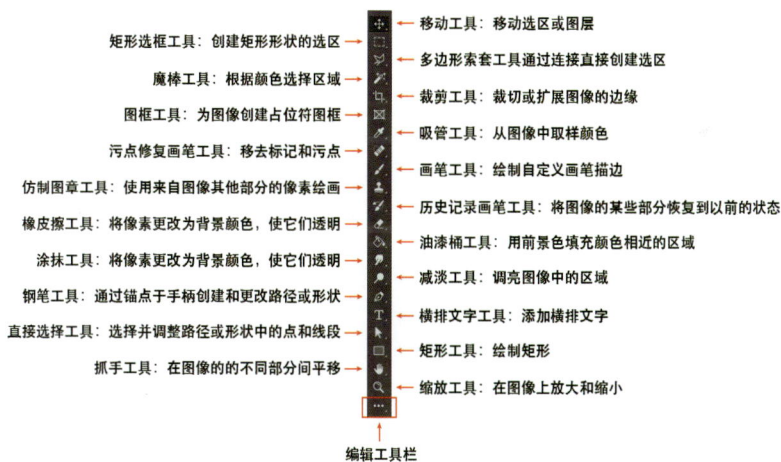

图 3-24　基本工具及功能

5. 输出

PS 可以输出各种格式的图片，如 JPG、PNG、GIF 等，也可以输出 PDF、EPS 等格式的文件。其中 JPEG 是一种高效的压缩图像方法，JPEG 格式适用于数字照片；PNG格式提供无损压缩的特性，可输出底部透明的图片；GIF（图形交换格式）格式支持动画功能，是创建与分享简单动态图像的选择。

三、PS 软件的功能属性

经过前面对 PS 的基础介绍，可知 PS 作为市面上最为常见的数字图像处理工具，在插画、设计、印刷等行业均有较高使用率，以下对其功能属性做详细介绍。

1. 启动

双击 PS 图标后，等待软件启动（图 3-25）。

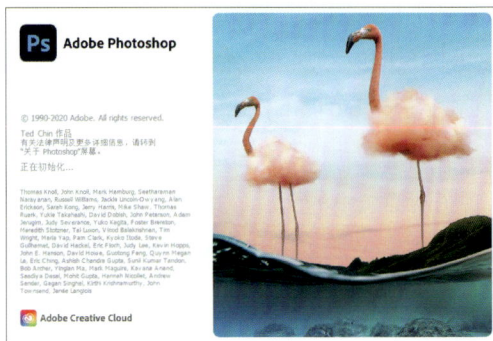

图 3-25　PS 启动

2. 新建

启动完成后进入新建文件页面（图 3-26）。

图 3-26　PS 新建文件

新建快捷键：双击灰色区域（Ctrl + N）或菜单栏"文件→新建"命令，或按住 Ctrl 键，在图片窗口之外的工作区中双击鼠标左键。

宽度、高度自定义，单位有像素、厘米、英寸、毫米、点、派卡。

分辨率：72 像素 / 英寸多为练习时使用，300 像素 / 英寸多为打印时使用。

颜色模式：RGB 模式、CMYK 模式、灰度模式。

背景内容：白色、背景色、透明。

如果需要打开已有图像，在进入操作页面后，点击左上角"文件"→"打开"→"选择本地已有文件"（图3-27），或直接拖拽文件至PS操作页面中，或按快捷键Ctrl+O，在图片窗口之外的灰色工作区双击左键。

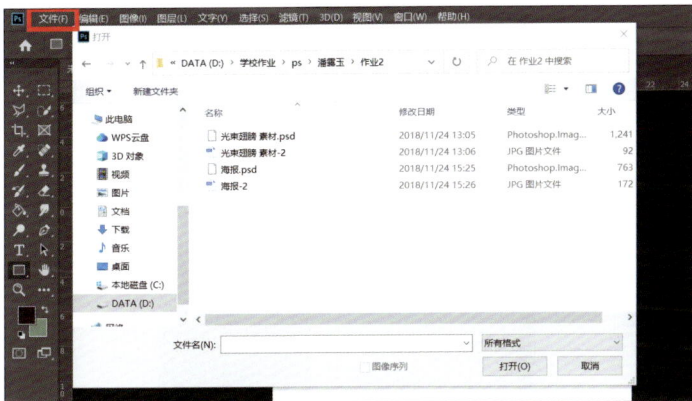

图3-27　PS打开本地图像

3.文件保存

当文件经过操作完成后，可以对文件进行保存（图3-28），可点击菜单栏左上角"文件→保存"命令，或按快捷键Ctrl+S。

图3-28　PS保存文件

四、图像基本编辑

1.图层编辑

（1）选择图层。在图层面板中单击一个图层即可选择该图层；如图3-29所示，若需选择多个连续图层，可以在单击第一个图层后，再按住Shift键单击最后一个图层即可。

如图3-30所示，如果要选择多个不连续的图层，可按住Ctrl键，逐个单击需要选中的图层。

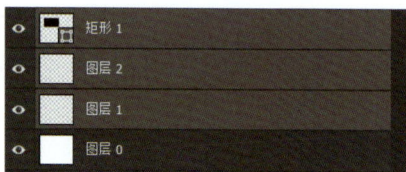

图 3-29　选择多个连续图层　　　　　　　　图 3-30　选择多个不连续图层

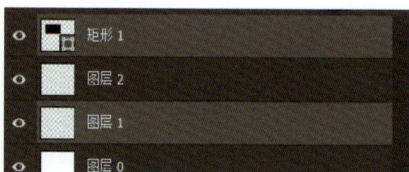

（2）合并图层（图 3-31）。选中需要合并的图层，点击右键就会弹出菜单栏，其中有合并图层、合并可见图层。选择"合并图层"后会将所选中的图层进行合并，或按快捷键 Ctrl+E。

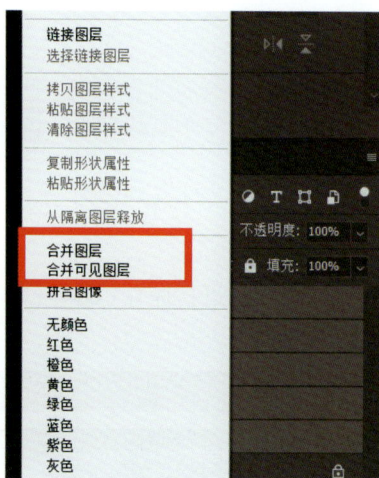

图 3-31　合并图层

当选中合并可见图层时，无论是否选中图层，都将会合并所有可见图层，或按快捷键 Shift+Ctrl+E。

2. 变换工具

（1）分布与对齐。在 PS 中，如果要对两个或两个以上的图层进行对齐，可以选择需要操作的图层后，点击任务栏省略号，选择下拉菜单中的命令项进行后续操作（图 3-32）。

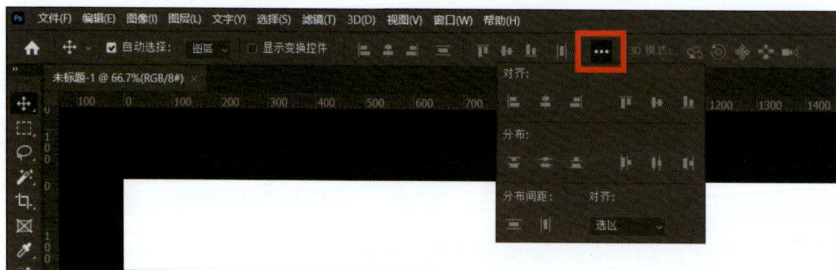

图 3-32　分布与对齐

（2）变换与变形。在左上角执行菜单栏上点击"编辑"→"变换"，打开子菜单后，可见缩放、旋转、斜切、扭曲、透视等执行操作，点击后被选中的图层周围会出现定界框，四周有控制点，拖动控制点可进行变换（图3-33）。

(a)　　　　　　　　　　(b)

图 3-33　变换与变形

（3）裁剪。先用矩形工具将要保留的部分选中，选中左上角"图像"→"裁剪"命令（图3-34），裁剪后，画面黄色部分已经被完全剪裁掉，如果想要继续剪裁掉粉色部分，需再次执行剪裁命令，便可以将图片剪裁干净。

(a)　　　　　　　　　　(b)　　　　　　　　　　(c)

图 3-34　剪裁图片

或者如图3-35所示，在PS左边工具栏中选择"裁剪"工具，然后使用鼠标在图像上拖拽出裁切范围，蚂蚁线内为保留的图像，线变暗的部分为被裁剪的部分。裁剪框外有 8 个控制点，通过控制点可以调节要保留的图像大小；按住 Shift 键，拖动鼠标可以使裁剪框缩放比例不变。在图像中双击鼠标左键或按 Enter 键就可以完成剪裁。

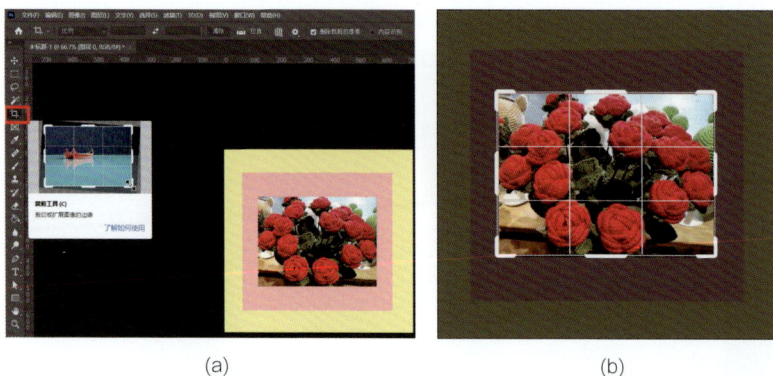

(a)   (b)

图 3-35　剪裁图片

（4）复制。用鼠标点住需要复制的图像，按住 Alt 键不放，鼠标移动图像，就可以将图像复制到目标位置（图 3-36）。或按 Alt+Shift 键，可以水平或垂直复制图像。

图 3-36　复制图片

（5）自由变幻。使用快捷键 Ctrl+T 可以实现自由变换；按 Shift 键的同时拖拽任意一个角的控制点可以实现等比缩放；按 Ctrl 键调整控制点可对图像进行扭曲操作；按快捷键 Ctrl+Shift 并调整控制点，可对图像进行斜切操作；按快捷键 Ctrl+Shift +Alt 并调整控制点，可对图像进行透视操作。

（6）还原。从菜单栏"编辑"→"还原移动"（图 3-37），就可以还原图像；使用快捷键 Ctrl+Z，可还原上一步；使用快捷键 Alt+Ctrl+Z，可以连续撤销多个步骤。

图 3-37　还原操作

（7）重做。从菜单栏"编辑"→"重做移动"（图3-38），可以恢复被撤销动作；按快捷键Shift+Ctrl+Z，可以逐步恢复被撤销的操作；还可以通过"历史记录面板"选择撤销或还原操作。

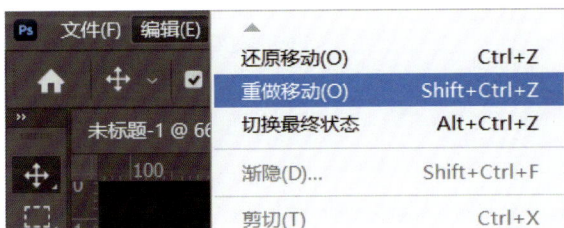

图3-38　恢复被撤销动作

3. 选区编辑

（1）选框工具。在左侧菜单栏选择其中一个图标并右击，可出现"矩形选框工具""椭圆选框工具""单行选框工具"等各类选取工具（图3-39）。

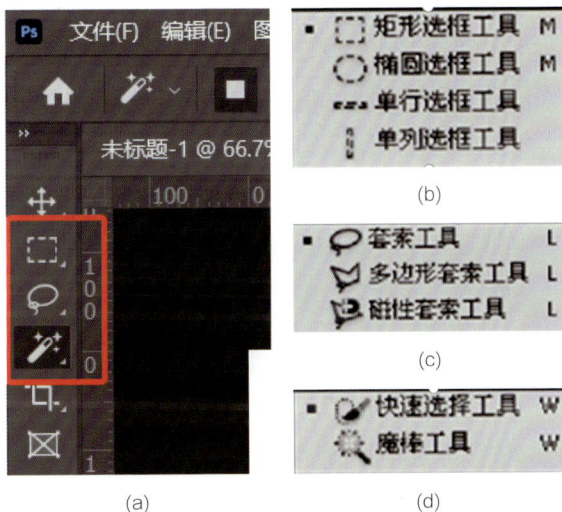

图3-39　选取工具

如果对象的外形为基本的几何形，边缘清晰流畅，则可以用选框工具，即"矩形"选框工具或"椭圆"选框工具。多边形套索工具适合选择矩形、椭圆形、圆形等规则的几何形状对象；如果对象是不规则形状的、非几何形对象，可以使用"磁性套索"工具、"魔棒"工具、"快速选择"工具等。

（2）添加、减少选区（图3-40）。新绘制的选区会成为一个新选区；新绘制的选区与之前绘制的选区相加，就会使两个选区成为一个选区，快捷键为按住Shift键后使用鼠标绘制；按住Alt键再进行绘制，可以使新绘制的选区与之前的选区进行相减。按Shift+Alt键绘制选区可以和之前绘制的选区相交，留下两个选取相交的部分。

新建选区

相加（SHIF）
图形相加

相减（ALT）
图形相减

相交（SHIFT+ALT）
图形重叠区域留下

排除（无快捷键）

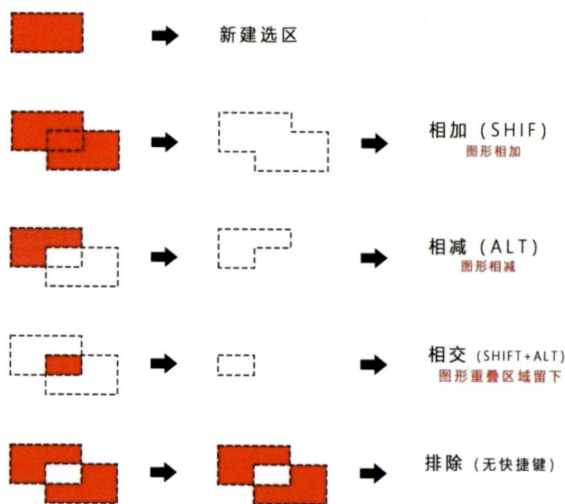

图 3-40　选区相加、相减

（3）羽化。主要可以让模糊选区边缘更加平滑，让图像合成时看起来更自然。首先使用选区工具在图层中创建封闭区域，然后右键点击所选区域并选择羽化选项；在上方菜单栏的"羽化半径"中输入想要的像素值以控制羽化的范围，值越大，羽化范围越广，值越小，羽化范围越小（图 3-41）。完成设置后，可以通过快捷键 Shift+F6 应用羽化。

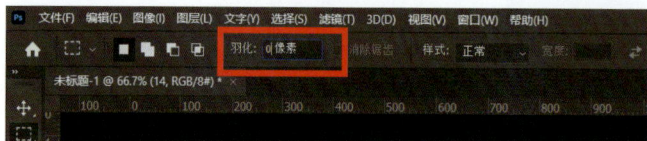

(a)　　　　　　　　　　　　　　　　　　(b)

图 3-41　羽化半径 0、10、100 的效果

（4）选区快捷键。在已创建选区的前提下，按 Shift 键单击可添加选区；按住 Alt 键可在当前选区中减去选区；按 Shift+Alt 键单击可得到与当前选区相交的选区；按快捷键 Ctrl+D 可取消选区；按快捷键 Ctrl+A 可全选选区；按快捷键 Ctrl+Shift+I 可反选选区。

4. 蒙版工具

（1）图层蒙版（图 3-42）。选择需要建立蒙版的图层，所在图层编辑栏下方矩形中间有圆形的图标，点击即可创建蒙版。图层蒙版本质上是一种灰度图像，其原理是基于灰阶值控制透明度——用黑色在蒙版上涂抹将隐藏当前图层内容，显示下方图层图像；用白色涂抹则显露当前图层内容，遮盖下层图像；用灰色在蒙版上涂抹会使当前图层中的图像呈现半透明效果；或者在蒙版中填充渐变，蒙版中的灰色区域会根据其灰度值使当前图层中的图像呈现出不同层次的透明效果。

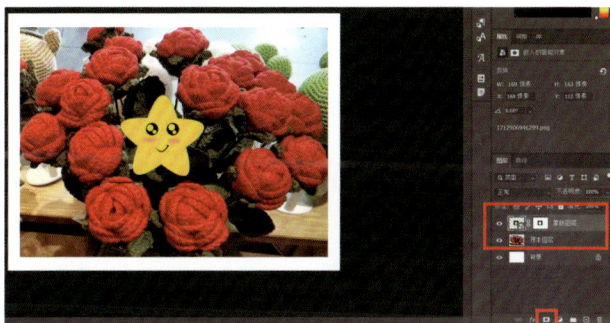

图 3-42　图层蒙版

（2）剪贴蒙版。剪贴蒙版图层是一种特殊图层，它通过利用基底图层的图像剪切其上方的内容图层图像，从而控制内容图层的显示范围。如图 3-43 所示，创建剪贴蒙版图层时，将要剪切的两个图层放在合适的上下层位置，选中处于上方的内容图层，右击上方的图层，点击"创建剪贴蒙版命令"，或按快捷键 Crtl+Alt+G，即可创建剪贴蒙版图层。调整基底图层的不透明度可以控制整个剪贴蒙版的不透明度，而调整内容图层的不透明度，不会影响整个剪贴蒙版的其他图层。

(a)

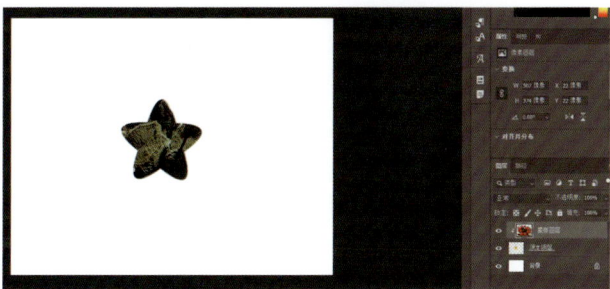

(b)

图 3-43　剪贴蒙版图层

5. 路径的创建与编辑

路径是由若干锚点和线段所构成的矢量线条，有直线路径、曲线路，可以使用路径进行抠取图像与绘制图形。利用钢笔工具可以精确地绘制出直线或光滑的曲线，选择菜单栏左侧钢笔工具，即可开始绘制直线或曲线路径（图3-44）。

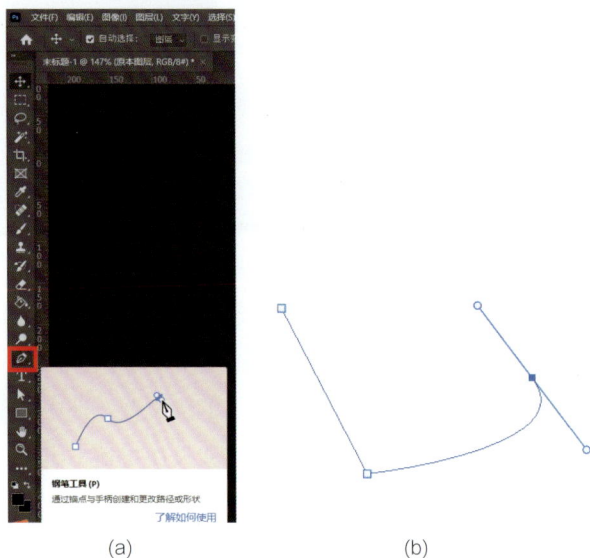

(a)　　　　　　　　　　　　　(b)

图3-44　钢笔工具

6.画笔工具

（1）笔刷。当在PS中选择任何一种绘图工具或编辑工具时（图3-45），其属性栏上都会出现"画笔预设"，下拉列表框后拖动滚动条即可浏览、选择所需的预设画笔。选择画笔工具和铅笔工具后，在图像窗口任意位置单击鼠标右键，可快速打开"画笔预设"预设列表框。

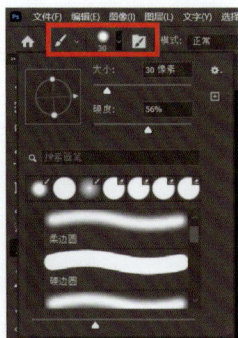

图3-45　笔刷详情页

（2）自定义笔刷。当想要将满意的图案作为画笔来使用时，可以通过自定义画笔的方法将其定义到画笔面板中（图3-46）。制作方法如下：选择满意的图案，点击菜单栏"编辑"→"定义画笔预设"，在对话框中定义画笔名称，从而定义画笔。回到画笔工具找到设定好的画笔，就可以进行绘制。

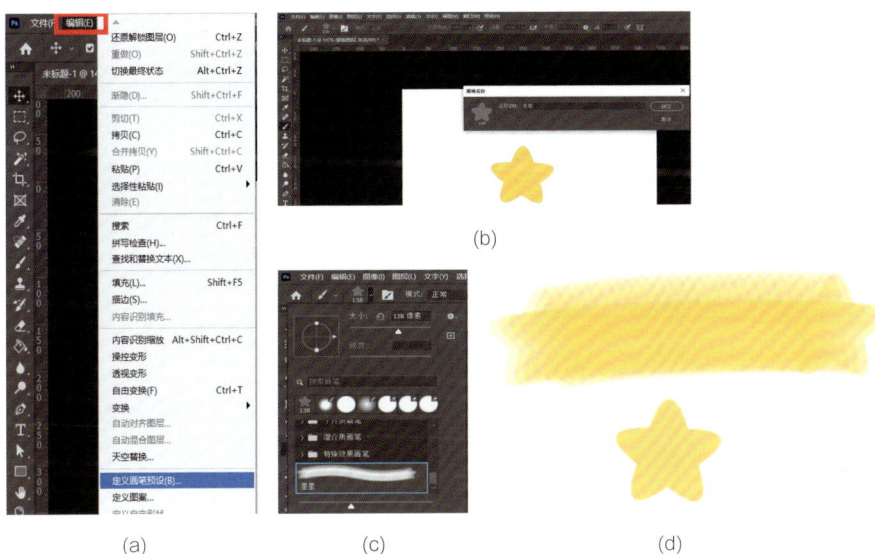

图 3-46　自定义笔刷

7. 修复工具

（1）仿制图章工具。通过选择图像附近颜色相近的像素点来进行修复，常用于复制图像或修补图像。如图 3-47 所示，点击左边工具栏中的仿制图章工具，将光标放在要取样的部位，按 Alt 键，当光标变化后单击图像，就可以获得取样点，释放鼠标后光标变回原样，在需要修复的地方点击修复。

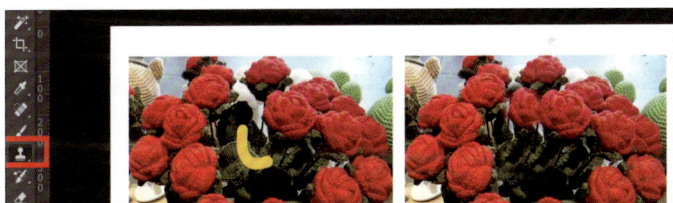

图 3-47　仿制图章工具

（2）图案图章工具。该工具可以将各种图案填充到图像中。其属性设置与仿制图章工具类似，不同的是图案图章工具可以直接以图案进行填充，不需要按 Alt 键进行取样。

（3）修复画笔工具。其功能与仿制图章工具类似，需要先按 Alt 键建立取样点，然后拖拽画笔涂抹遮盖的图像。不同点在于，在仿制的过程中，修复画笔工具可以自动平衡修补区域周围的光线与明暗，是修复人像必备的利器。

（4）修补工具。该工具可以从图像的其他区域或使用图案来修补当前选中的区域。使用该工具之前，必须先在其属性栏上设定要修补的来源或目的地图像。该工具的使用重点是先设定修补目的地，用修补工具圈选图像，松开后变成选区，再将光标放在区域内拖动至想替换的部位，再松开鼠标即可。

（5）图像润饰工具组。工具组包含模糊工具、涂抹工具、锐化工具等，使用这些工具可以对图像的对比度、清晰度进行调整，进一步润饰图像的细节，创建精美、细致的图像。

（6）颜色调整工具组。工具组包括减淡工具、加深工具和海绵工具，使用这些工具可以对图像进行局部色调和颜色的调整。减淡、加深工具主要用于调整图像的细节部分，可运用画笔涂抹使图像的部分区域变淡或变深。海绵工具主要用于增加或移除图像色彩饱和度。

（7）消失点滤镜工具。在 PS 滤镜中可以选择此工具。在消失点滤镜工具选定的图像区域内进行复制、粘贴图像等操作时，操作会自动应用透视原理，按照透视的角度和比例来调整对图像的修改，从而大大节约精确设计和修饰照片所需的时间。

（8）内容识别。当对图像的某一区域进行覆盖填充时，由软件自动分析周围图像的特点，将图像进行拼接组合后填充在该区域并进行融合，从而取得快速无缝的拼接效果。

8. 颜色调整命令

（1）图像亮度。按 Ctrl+U 键，明度色条往左会使图片变暗，往右会使图片变亮（图 3-48）。

（2）图像色相。按 Ctrl+U 键，往左右拉动会使图片色相改变（图 3-49）。

图 3-48　调整图像亮度

图 3-49　调整图像色相

（3）图像饱和度。按 Ctrl+U 键，往左会使图片饱和度变低，往右会使图片饱和度变高（图 3-50）。

图 3-50　调整图像饱和度

（4）曲线调整。执行菜单"图像"→"调整"→"曲线"命令，或者按 Ctrl+M 键便可弹出"曲线"对话框，运用曲线命令可以调整图像的色调和颜色。如图 3-51 所示，使用曲线调整图像时，最常用到的就是拖动工作区域内的曲线，或在曲线上单击添加控制点，拖动控制点，改变曲线的形状进行调整。在曲线上可以添加控制点，非常精确地调整图像的亮度和对比度。该命令是应用最广泛和使用频率最高的色彩调整命令，它具有"色阶""阈值""亮度、对比度"等多个命令的功能。

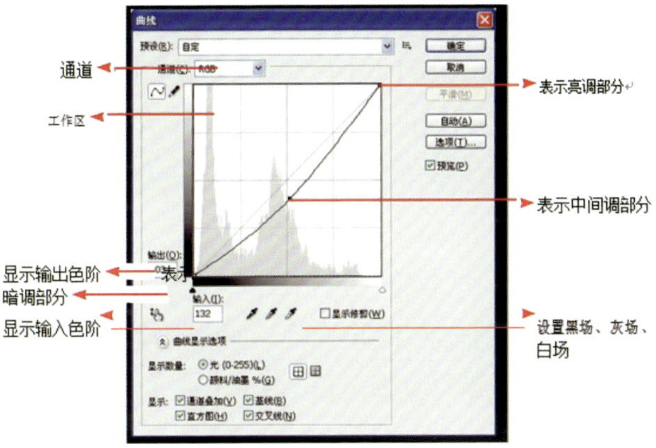

图 3-51　调整图像饱和度

（5）色彩平衡。执行菜单"图像"→"调整"→"色彩平衡"命令，或按 Ctrl+B 键，弹出"色彩平衡"对话框。如图 3-52 所示，可以对图像做一般效果的颜色校正，它是通过 RGB 颜色和 CMYK 色值间的混合达到图像整体颜色的平衡。

图 3-52　色彩平衡

（6）颜色命令。执行菜单"图像"→"调整"→"替换颜色"命令，弹出"替换颜色"对话框，或按快捷键 Alt+I+J+R，可将选定的颜色替换为其他颜色。它是"颜色范围"和"色相 / 饱和度"命令结合而成的。

（7）照片滤镜。从"滤镜"下拉列表中选择要使用的滤镜，或者选择"颜色"选项，单击"颜色"图标，打开"拾色器"对话框自定义颜色。该工具可以模拟在相机镜头前面加彩色滤镜的效果，以便调整通过镜头传输的光的色彩平衡的色温，对于调整数码照片特别有用。

（8）匹配颜色。执行"图像"→"调整"→"匹配颜色"命令，打开"匹配颜色"对话框或使用快捷键 Ctrl+O，该工具可将一幅图像 / 原图像的颜色与另一幅图像（目标图像）中的颜色相匹配，也可以匹配同一幅图像中不同图层之间的颜色，还允许通过更改亮度和色彩范围以及中和色调来调整图像中的颜色。

五、PS 软件的基础快捷键

1. 工具箱快捷键

矩形选框工具【M】；移动工具【V】；套索工具【L】；魔棒工具【W】；画笔工具【B】；橡皮擦工具【E】；文字工具【T】；钢笔工具【P】；缩放工具【Z】；默认前景色和背景色【D】；切换前景色和背景色【X】；全屏模式【F】。

2. 文件操作快捷键

新建图形文件【Ctrl+N】；撤销前一步操作【Ctrl+Z】；合并所选图层【Ctrl+E】；新建一个项目【Ctrl+N】；取消选区【Ctrl+D】；重新选择上个选区【Ctrl+Shift+D】；反选【Ctrl+Shift+I】；合并所选的可见图层【Ctrl+Shift+E】；打开或关闭标尺【Ctrl+R】。

3. 图层快捷键

复制图层【Ctrl+J】；新建图层【Ctrl+Shift+N】；将选中的图层放入新建组中【Ctrl+G】；填充前景色【Ctrl+Alt+Delete】；填充背景色【Alt+Delete】；将颜色设为默认值（前景色为黑色，背景色为白色）【D】，交换前景色和背景色【X】。

4. 视图操作快捷键

放大视图【Ctrl 加 +】；缩小视图【Ctrl 加 -】；全屏显示【F】；实际像素显示【Ctrl+Alt+0】。

六、课题训练

冰冻草莓（图 3-53）图片制作方法如下。

图 3-53　冰冻草莓

（1）首先，打开存储图片的文件夹，依次拖入"冰块""草莓"两个素材（图3-54）。

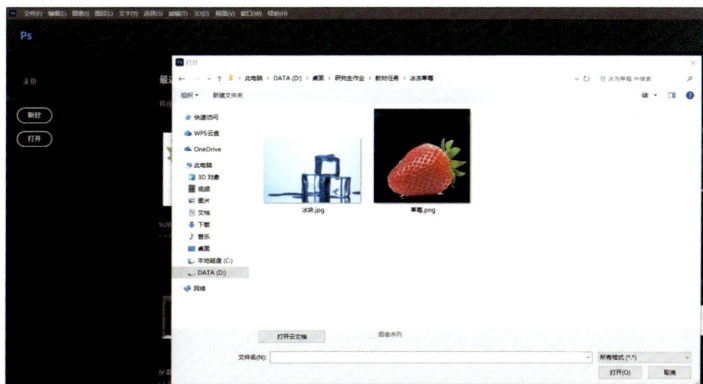

图 3-54　拖入"冰块""草莓"两个素材

（2）如图3-55所示，将"草莓"素材复制一层，并将"草莓复制层"隐藏。

图 3-55　草莓复制层

（3）如图3-56所示，在"草莓"图层上添加"色相饱和度"，进行剪切蒙版，勾选着色。

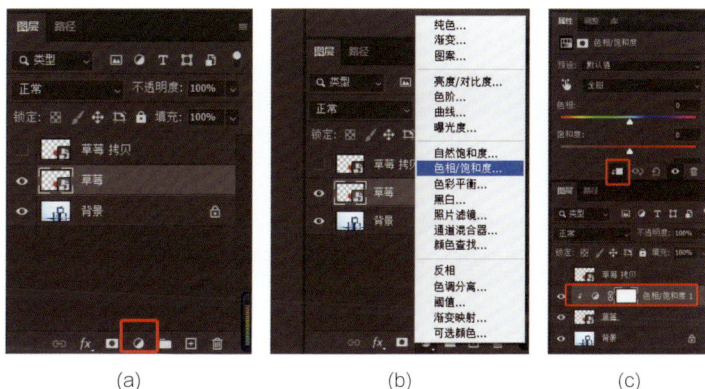

(a)　　　　　　　　　　(b)　　　　　　　　　　(c)

图 3-56　色相饱和度蒙版

（4）如图3-57所示，将"草莓"图层调整至类似"冰块"图层的颜色，并降低不透明度至50%。

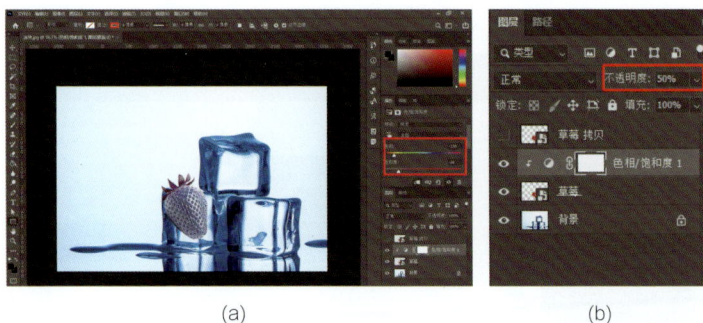

(a)　　　　　　　　　　　　　　　　　　　(b)

图 3-57　透明度降低至 50%

（5）双击"草莓"图层，进入"图层样式"，拖动"下一图层"的黑色滑块，为了让图层过渡更柔和，可以按住 Alt 键拆分滑块。如图 3-58 所示，按住 Alt 键拆分白色滑块，进行调整。

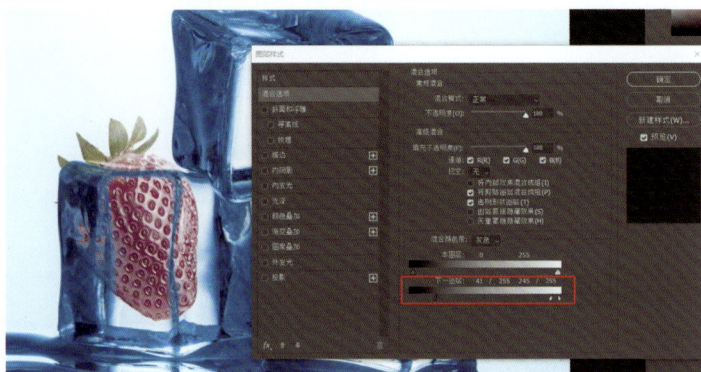

图 3-58　图层样式

（6）如图 3-59 所示，显示"草莓复制层"并添加"蒙版"，在蒙版中用"黑色画笔"将在冰块上的草莓擦掉，至留下冰块外的绿色梗部。

图 3-59　草莓复制层蒙版

（7）完成图片制作（图 3-60）。

图 3-60　冰冻草莓

第五节　专业影视剪辑平台——Premiere Pro(PR)

一、PR 基础介绍

1. 概述

Premiere Pro 简称 PR，是 Adobe 系统公司开发的一款非线性视频编辑软件，广受影视制作爱好者和电影后期制作人员的推崇，是目前市场上最强大的视频编辑软件之一（图 3-61）。该软件提供了先进的视频编辑功能，不仅能够执行音频采集、剪辑、合成以及拼接等操作，而且包含一系列专业的编辑工具，如转场、视觉效果、色彩调整和抠图等，以满足高质量视频制作的需求。

图 3-61　PR 打开界面

2. 历史

Adobe Premiere 最初发布的是 4.0 版本，随后进行了多次升级，包括 4.2 版本、5.0 版本和 6.0 版本。这些早期迭代主要提供基本功能，例如音频编辑、效果和过渡。7.0 版本的发布实现了一个重要的里程碑，该版本引入了"Pro"（专业版）的概念，象征着向专业级视频编辑功能的飞跃。在这次关键升级之后，Adobe 系统公司又发布了 1.5、CS3

和 CS4 版本，其中 CS4 是标志着支持 32 位操作系统的最后一个版本。Adobe Premiere 继续发展，推出了 CS5 和 CS6，随后推出了 CC 系列，所有这些版本都与 64 位操作系统兼容。

3. 特点及应用领域

PR 以其易于学习、功能全面和可定制的特性而闻名，可满足用户群的多样化需求。PR 允许用户根据个人喜好和项目要求定制工作区域，通过修改工作区域布局，可确保常用面板突出显示，同时隐藏不太重要的面板，从而优化工作流程，提高工作效率，如图 3-62 所示。

图 3-62　PR 常用面板

在 PR 的操作界面中，为了优化工作流程和提高工作效率，系统预设了多个专业工作区域，包括学习、组件、编辑、颜色校正、效果处理、音频编辑、图形设计等一系列工作区域，可通过简单的点击操作，在不同的工作区之间进行切换，以适应不同的制作需求。

PR 的应用领域广泛，不仅涵盖节目包装、电子相册、纪录片、产品广告、节目片头和音乐视频（MV）制作等领域，而且涵盖特效制作、音频编辑、字幕添加、视频合成以及动画制作等多方面的创作需求，其中在视频剪辑和视频合成方面的应用极其突出。

（1）节目包装。在媒体领域，节目制作与品牌包装是保证节目形象一致性和增强品牌识别度的关键。使用 PR，编辑者能够通过字幕编辑、视频转接和缩放等功能，执行标准化的节目包装流程，不仅凸显节目的独特属性，还通过整合包装风格与内容，提升节目的辨识度。

（2）电子相册。电子相册具备长期保存的优势，PR 通过其特效控制台、转场效果和字幕功能，支持用户创作出展示美景、人物、珍贵瞬间等精美电子相册。

（3）纪录片。纪录片作为一种基于真实生活的记录影片，通过艺术手段加工呈现，旨在通过艺术处理真实生活素材，呈现其真实本质并激发观众思考。PR 中的动画效果、

调整视频速度 / 时长和添加字幕效果等功能，为具有真实感和深度感的纪录片创作者提供了技术支持。

（4）产品广告。产品广告旨在宣传商品、服务或概念等，通过情感的视觉传达和强烈的视觉冲击力来吸引目标受众。PR 的效果控制台、轨道添加和序列创建等功能，使得广告创作者能够设计出具有强烈效果、吸引力和创意的内容。

（5）节目片头。节目片头作为节目的开场引导，对吸引观众兴趣发挥了至关重要的作用。利用 PR 的特效控制台、字幕功能和轨道添加等工具，制作人员可以创作出具有独特风格和吸引力的节目片头。

（6）音乐 MV。音乐 MV 是一种将音乐解读与视觉呈现相结合的艺术形式。PR 的效果控制台、效果面板和轨道添加功能，为制作人员提供了丰富的工具，从而制作出具有丰富创意和视觉冲击力的音乐视频。

4.Premiere Pro（PR）中的专业术语

在介绍 PR 的主要功能之前先介绍视频剪辑中帧、时长、帧速率、帧大小、画面尺寸、画面比例等定义。

（1）帧。帧是最小的基本单位，一帧就是一张图片，一个视频就是由一帧一帧组成的画面。PR 中的单位，一般由时、分、秒帧组成，连续的帧可以组成在电视或者手机上看到的各种动画。

（2）时长。日常生活中的时长由小时、分钟、秒组成，在 PR 中组成视频每一个画面的单位叫作帧，画面的衔接靠连续的帧组成。

（3）帧速率。帧速率指的是在视频的播放过程中，1s 播放的帧的数量。帧速率越大，画面就越流畅。在使用 PR 的过程当中，帧速率设置为 25 左右，就能满足日常生活中的视频剪辑。并且不同格式、不同形式的视频所要求的帧速率也不相同。

（4）帧大小。帧大小指一帧当中画面的宽和高，帧数越高，画面就越清晰、越高清。

（5）画面尺寸。画面尺寸指画面的宽和高，例如 1920×1080，画面即是宽 1920 个像素，高 1080 个像素，一般选择方形像素，这样便于画面的展示。

（6）画面比例。画面比例指画面的宽高比，比如常用的 1920×1080 画面尺寸，它的宽高比即是 16：9。

二、PR 的功能

1.基础功能

在对 PR 进行简单的了解以后，下面对 PR 的基础功能进行介绍。

（1）视频剪辑。PR 允许用户创建序列，选择不同的预设以匹配不同的摄像机和帧速率，还可以调整像素大小以保持素材的一致性。

（2）序列预设。软件提供了针对不同摄像机类型的预设，以确保素材的正确处理。

①新建项目序列。用户可以设置序列的隔行扫描或逐行扫描模式，并选择合适的帧大小以匹配素材的像素大小。

②创建子剪辑。用户可以创建多个剪辑，以便对它们进行单独编辑。

③组建故事版。通过自动化选择素材，可以快速创建编辑故事版的概览。

（3）编辑原素材与时间线。用户可以在时间线中编辑原素材，使用各种编辑工具如向后选择轨道工具、比率拉伸工具等。

（4）影片的嵌套合成。将多个剪辑好的视频序列合并到一个序列中，实现嵌套编辑。

（5）工具箱内工具的使用方法。包括轨道工具、比率拉伸工具、外滑工具、滚动编辑工具和波纹编辑工具等，用于调整素材的播放速度、出点和入点。

（6）特效与转场。用户可以使用关键帧、转场效果等来增强视频的视觉效果。

（7）时间线上的关键帧。可以调整素材的关键帧，以控制素材的播放行为。

（8）添加字幕。使用 Arctime 等软件制作字幕，并将其添加到视频中。

（9）视频的导出。视频的导出要注意三点，即导出设置、基本视频设置、比特率设置。

①导出设置

a. 格式：H.264 导出后是最常见的 MP4 格式，文件大小适中。

b. 输出名称：可以修改视频文件名称并且选择存放的位置。

c. 导出视频、导出音频：视频不需要声音可以取消勾选。

②基本视频设置

a. 匹配源：视频的分辨率、宽高度（序列设置里叫做帧大小）、帧率等参数都按序列设置调整，如果序列设置没问题，则选择匹配源即可。

b. 自定义：取消勾选，则可以自由更换帧频，如果之前的序列设置不合适，也可以在此进行更改。

③比特率设置。比特率就是我们通常所说的码率，它决定了视频文件的大小。

2. 操作界面

（1）认识用户操作界面。PR 用户操作界面如图 3-63 所示。从图中可以看出，操作界面由菜单栏、标题栏、"时间线"面板、"效果控件"面板、预设工作区、"工具"面板、"节目"/"字幕"/"参考"面板组等面板组成。各个面板充当特定功能的关键角色，以优化视频编辑工作流程。

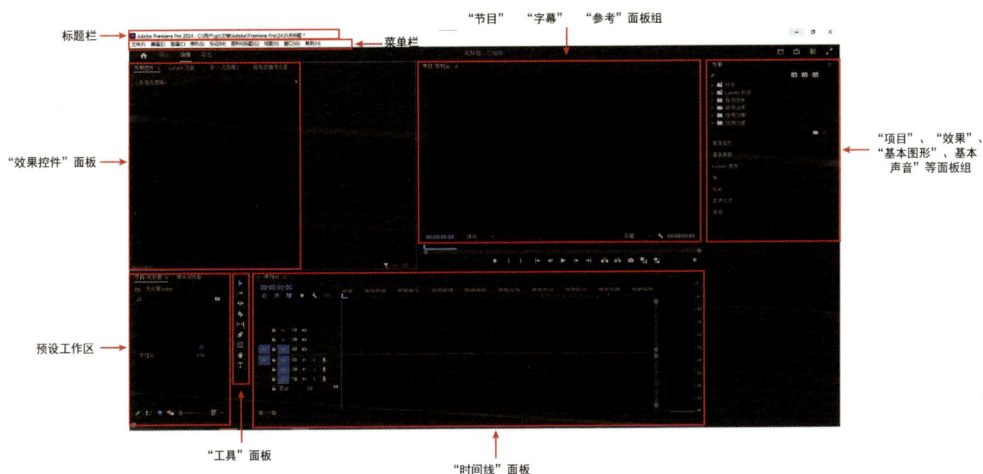

图 3-63　PR 用户操作界面

（2）熟悉"项目"面板。"项目"面板（图 3-64）作为素材的集中管理和组织中心，它允许用户输入、整理和存储原始素材，这些素材接着可以被"时间线"面板进行编辑和合成。通过使用 Ctrl+PageUp 快捷键，用户可以在不同的视图和状态之间切换，以及通过点击"项目"面板右上方的按钮来自定义面板显示或隐藏选项和相关功能。

(a)　　　　　　　　　　(b)　　　　　　　　　　(c)

图 3-64　"项目"面板

（3）认识"时间线"面板。"时间线"面板（图 3-65）是 PR 的核心部分，大部分剪辑任务包括剪切、插入、复制、粘贴等操作都在此面板中执行，这使得它成为处理视频项目时最频繁使用的工具。

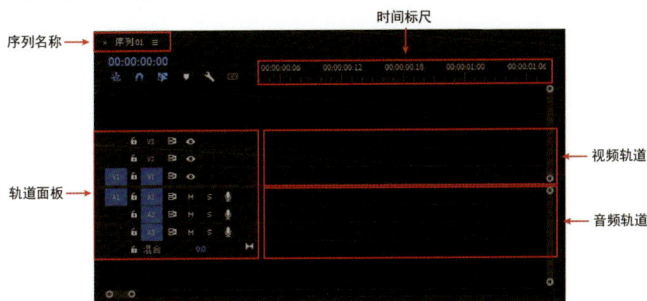

图 3-65　"时间线"面板

（4）认识"监视器"窗口。"监视器"窗口（图3-66）分为"源"和"节目"两部分，展示了所有经过编辑与未编辑的视频片段的预览效果，为用户提供了即时预览。

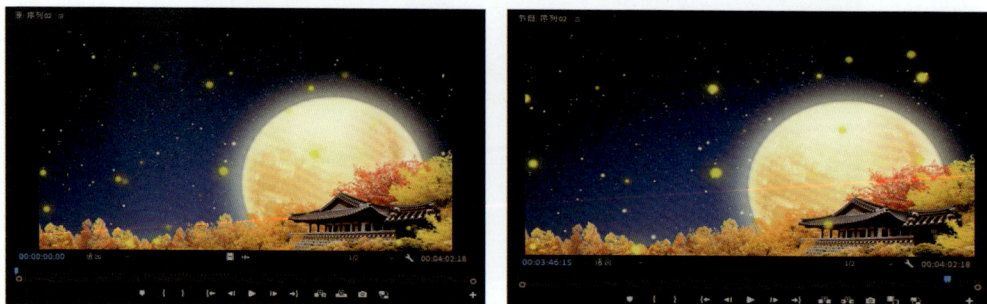

(a)　　　　　　　　　　　　　　　　　　　(b)

图 3-66　"监视器"窗口

（5）其他功能面板概述

①"效果"面板。"效果"面板（图3-67）提供了PR内置的广泛音频和视频特效，以及预演设置，它们按功能分为六大类：预设、Lumetri预设、视频效果、视频叠加效果、音频效果和音频叠加效果，并进一步分为子类别。此外，用户安装的第三方效果插件也显示在各自的类别中。

②"效果控件"面板。"效果控件"面板（图3-68）允许用户调整视频文件的运动、不透明度、转场及特效设置。

③"音轨混合器"面板。"音轨混合器"面板（图3-69）为音频调整提供了一个高效的工作空间，支持实时混音。

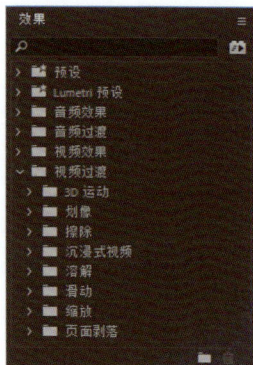

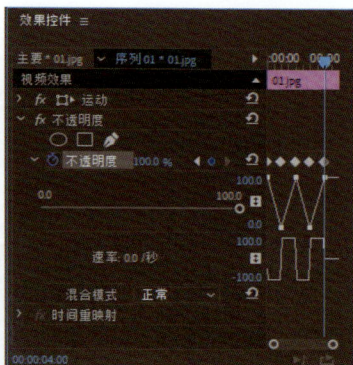

图 3-67　"效果"面板　　　　图 3-68　"效果控件"面板　　　　图 3-69　"音轨混合器"面板

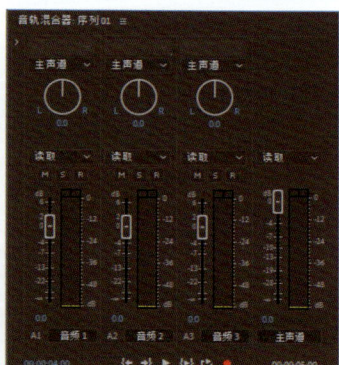

④"历史界面"面板。"历史记录"面板（图3-70）记录了项目创建后用户的所有命令，能够使用户撤销自己的错误命令，并返回操作前的某个状态，保证了编辑过程的安全性和可逆性。

⑤ "工具"面板。"工具"面板（图3-71）包含准确编辑时间线上音频和视频内容所需的工具，增强了用户在编辑过程中的操作能力和灵活性。

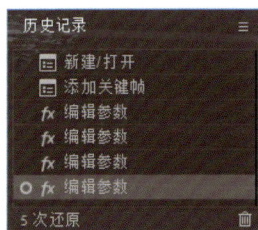

图3-70 "历史界面"面板　　　　　　　　　　　图3-71 "工具"面板

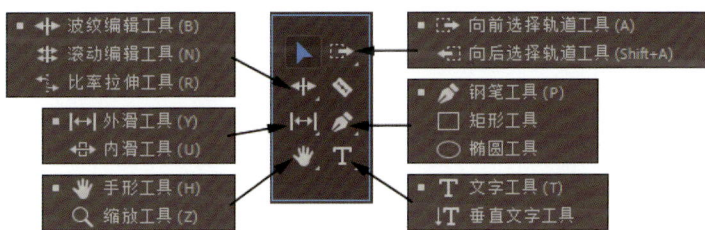

综上所述，PR通过其综合的面板系统，提供了一个高度专业且逻辑性强的视频编辑环境，使得复杂的视频项目管理变得简单高效。

3. 基本操作

（1）撤销与恢复操作。通过选择"编辑→撤销"命令，用户能够撤销前一步骤的操作，无论是因为错误还是对操作结果不满意。若需操作多个连续撤销，用户可重复执行此命令以逐步回退。

想要恢复之前撤销的命令，可以执行"编辑→重做"操作。例如，在无意删除一个素材后又想重新使用该素材，只需选择"编辑→重做"即可。

（2）导入素材。PR兼容绝大多数主流视频、音频和图像文件格式。通常情况下，导入素材到项目中可通过"文件→导入"命令完成，在弹出的"导入"对话框中选择相应的文件格式及文件即可。

（3）重命名素材。在"项目"面板中，鼠标右键单击素材，并从上下文菜单中选择"重命名"，即可进入编辑模式并为素材输入新名称，从而完成重命名过程（图3-72）。

（4）组织素材。单击"项目"面板底部的"新建素材箱"选项，可自动创建一个素材箱。这个功能允许用户将项目中的素材按类别分类，确保素材管理的有序性和高效性（图3-73）。

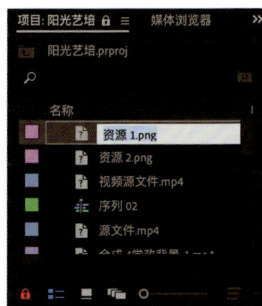

图3-72 重命名素材　　　　　　　　　　　图3-73 组织素材

（5）关键帧

①关于关键帧。创建关键帧可以在特定的时间点为效果属性设置数值。通过为不同的关键帧分配不同值，PR 可以自动计算和插补关键帧之间的值，从而实现平滑的过渡。大多数标准效果支持在整个剪辑时长中使用关键帧进行动画制作，特别是位置和缩放等属性，可以通过关键帧来创建动态的视觉效果。用户可以自由移动、复制或删除关键帧，并且可以调整其插值方式，以改变动画的行为和轮廓。

②激活关键帧。为了向视频素材添加动画效果，首先需要激活相应属性的关键帧功能。每个可支持关键帧的效果属性旁均设有"切换动画"按钮，用户点击此按钮后，系统就会在当前时间线位置自动添加一个关键帧。激活关键帧后，用户就会开始添加或调整属性值，从而精确控制动画的每个细节。这种方法增加了创意的可能性（图 3-74）。

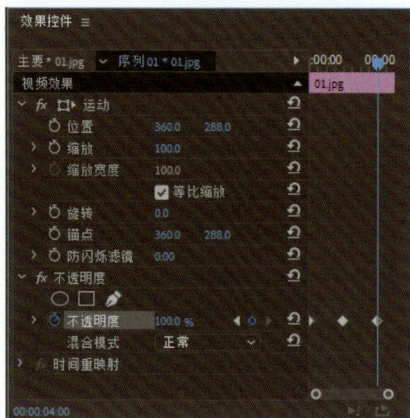

图 3-74　激活关键帧

（6）文件输出

①输出格式。PR 支持多种文件格式的输出，主要包括视频、音频、静态及序列图像等类别。接下来详细介绍这些支持的格式。

a.输出的视频格式。PR 中可以输出多种视频格式，包括但不限于 AVI、动画 GIF 和 QuickTime 等。

b.输出的音频格式。PR 支持导出多种音频格式，主要包括波形音频、MPEG、MP3。同时，也支持导出 Windows Media 和 QuickTime 音频格式。

c.输出的图像格式。PR 允许用户导出多种图像格式，其中静态图像支持的格式包括 TIFF、Windows Bitmap、Targa；序列图像格式包括 Targa、Windows Bitmap Sequence 和 GIF 等。

②影片预演。影片预演是视频编辑过程中的一个关键步骤，用于检验编辑效果，也是编辑工作的一部分。视频预览分为实时预览和生成预览两种方式。

a. 实时预演。实时预演也称为实时预览，提供即时的编辑效果查看功能。

b. 生成预演。视频预览是通过计算机处理器渲染视频生成的。首先创建预览文件，然后进行播放，以确保播放流畅，达到执行与渲染输出一致的画面效果。

③输出参数。在完成影片制作后，用户可以通过设置基本参数来导出影片（图3-75），操作流程包括：首先，在时间线面板中选择所需输出的视频序列，然后通过选择"文件→导出→媒体"命令，在弹出的对话框中进行相应设置。

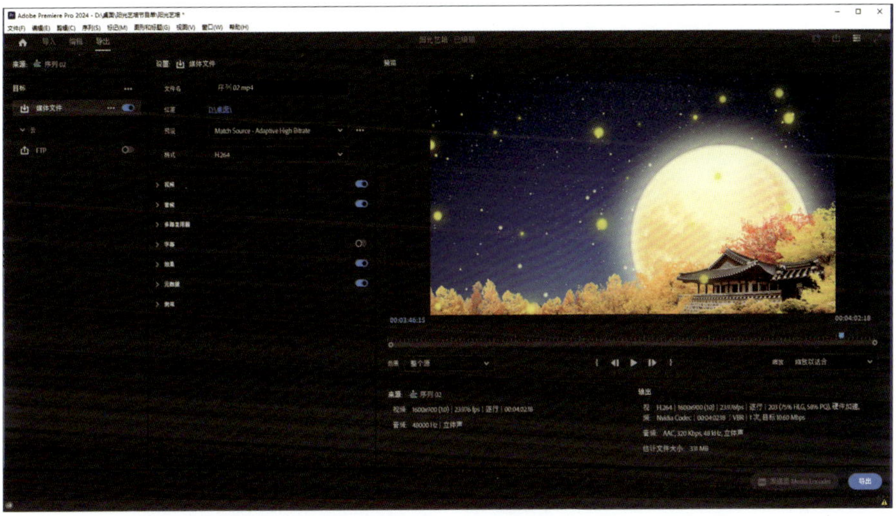

图 3-75　输出参数面板

（7）文件类型。用户可根据需要，将输出视频设置为不同的格式，通过"格式"选项下拉列表选择需要的媒体格式（图3-76）。

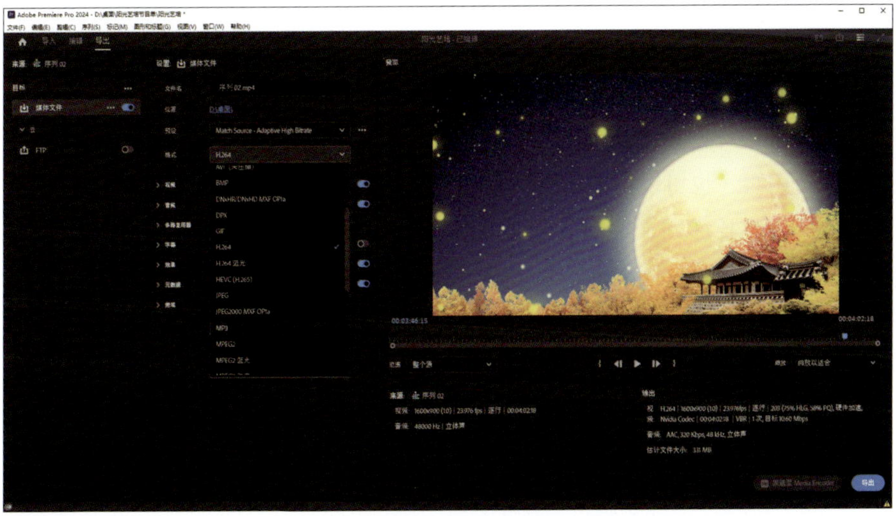

图 3-76　输出格式

（8）输出视频。选择"导出视频"复选框，可导出编辑项目的整个视频部分。

在"视频"菜单中，用户可以指定视频的格式、质量及尺寸等参数（图3-77）。

（9）输出音频。选择"导出音频"复选框，可导出编辑项目的整个音频部分。

在"音频"菜单中，用户可以导出指定音频压缩方式、采样率和量化等参数（图3-78）。

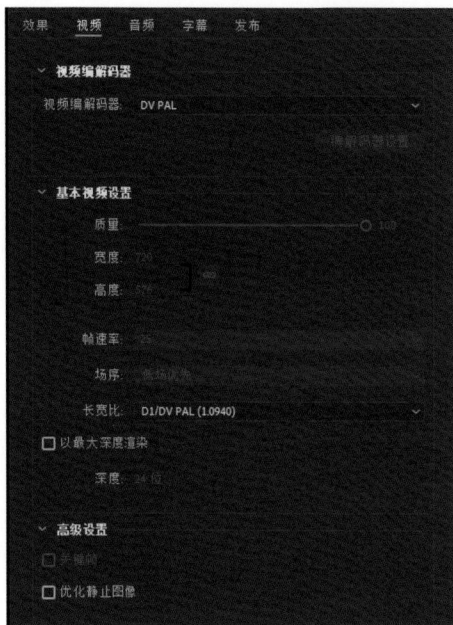

图3-77　输出视频

图3-78　输出音频

（10）渲染输出

①输出单帧图像。用户可以导出视频中的单帧，用于视频动画的定格效果制作。

②输出音频文件。PR支持将影片中的音频片段或歌曲输出，以制作音乐专辑等文件。

③输出整个影片。导出视频是将已完成的编辑项目导出为视频格式的最常用方法，可以导出整个内容，也可以只导出视频或音频部分。

④输出静态图片序列。视频也可以导出为一系列静态图像，每个图像都有标签，并自动输出为编号图像，这些图像可用于3D软件的动态贴图等。

三、课题训练

课后习题1：根据学习相关软件的步骤，完成主题为"字幕"的练习。

课后习题2：根据学习相关软件的步骤，完成主题为"音频"的练习。

课后习题3：根据学习相关软件的步骤，完成主题为"剪辑"的练习。

第六节　动态视觉特效创作软件——After Effects(AE)

一、AE 基础介绍

1.概述

AE 全称 After Effects，即影视后期特效软件，是由美国 Adobe 系统公司推出的一款图形视频处理软件，适用于从事设计和视频特技的机构，包括电视台、动画制作公司、个人后期制作工作室以及多媒体工作室，属于层类型后期软件。AE 打开界面如图 3-79 所示。

AE 软件可以高效且精确地创建无数种引人注目的动态图形和震撼人心的视觉效果。利用与其他 Adobe 软件无与伦比的紧密集成和高度灵活的 2D 及 3D 合成，以及数百种预设的效果和动画，使电影、视频、DVD 和 Macromedia Flash 作品增添令人耳目一新的效果。

Adobe 官方最新版本为 AE 2024。

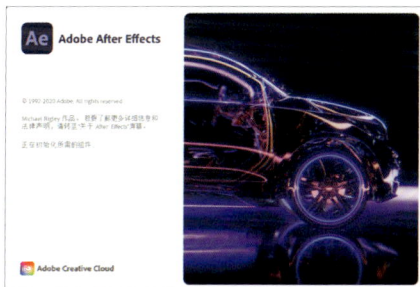

图 3-79　AE 打开界面

2.功能

利用 AE 进行动画和后期制作时，可以通过"层"（Layer）对多个不同类型的图像或固态层 / 合成进行有序组合，并在相应的时间节点加入关键帧、路径以及相关特效，实现对场景中所选定对象的控制。Adobe 所提供的渲染程序 Media Encoder 可以对 AE 所制作完成的内容输出为不同文件格式，包括视频、音频、序列帧图片等。

（1）动画制作。AE 可以让用户为图形、文本和视频创建各种动画效果，如移动、旋转、缩放等。

（2）视觉特效。AE 提供了丰富的特效工具和插件，可用于制作烟火、爆炸、粒子系统等复杂的视觉效果。

（3）合成与分层。用户可以将多个图层合并在一起，实现复杂的合成效果，并对每个图层进行独立的编辑和处理。

（4）颜色校正与调色。AE 具备颜色校正和调色功能，帮助用户调整视频的颜色、对比度和亮度等参数。

（5）支持插件。AE 支持第三方插件，这些插件可以扩展软件的功能，提供更多的特效和工具。

（6）创捷 3D 空间。由于 AE CS4 拥有自建含深度 3D 空间的功能，所以 AE CS4 可以在一定程度上创建 3D 视觉效果。

（7）合成和层。AE 提供了多个合成和层功能，使用户可以将多个视频、图像和音频文件合并为一个复合视频。

（8）后期处理。AE 还提供了各种后期处理功能，例如模糊、降噪、抖动等，以优化视频质量。

3. 应用案例

（1）动画制作。AE 可以用于制作各种类型的动画，包括 2D 和 3D 动画、运动图形、形状图形等。例如，动画电影《黑猫警长》就使用 AE 来制作动态图形和视觉特效（图 3-80）。

图 3-80　动画电影《黑猫警长》

（2）电影特效制作。好莱坞电影《钢铁侠》（图 3-81）、《绿巨人》（图 3-82）、《美国队长》等中有很多特效，其中光效、魔法冲击波等部分场景都可以用 AE 实现。

图 3-81　好莱坞电影《钢铁侠》　　　　　　　　图 3-82　好莱坞电影《绿巨人》

（3）音乐视频制作。在音乐视频制作中，AE 可以用于制作各种类型的音乐视频，包括动态图形、视觉特效、运动图形等。例如，美国流行歌手布鲁诺·马尔斯的音乐视频《24K Magic》中使用 AE 制作了多种视觉特效和动态图形。

（4）广告制作。在广告制作中，AE 可以用于制作动态广告、动画标志和广告字幕等。例如，苹果公司的广告就经常使用 AE 制作动态特效和图形。

（5）动画制作。AE 可以用于制作各种类型的动画，包括 2D 和 MG 动画、运动图形、形状图形等。

4. 工作流程

（1）导入素材。将需要的图片、视频、音频等素材导入 AE 项目中。

（2）创建合成。在软件中创建一个或多个合成，每个合成可以包含多个图层。

（3）添加图层。将素材添加到合成中的不同图层，然后对这些图层进行动画制作、特效应用等操作。

（4）预览与调整。在制作过程中，可以实时预览效果，并根据需要进行调整和修改。

（5）渲染输出。完成制作后，将项目渲染成最终的视频文件或序列帧。

二、AE 的功能

1. 常用界面

AE 界面菜单栏、工具栏、项目栏、合成窗口、时间窗口分别见图 3-83~图 3-87。

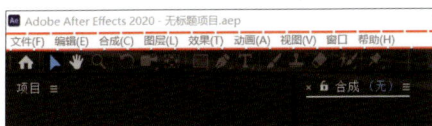

图 3-83 AE 界面菜单栏

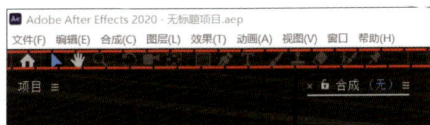

图 3-84 AE 界面工具栏

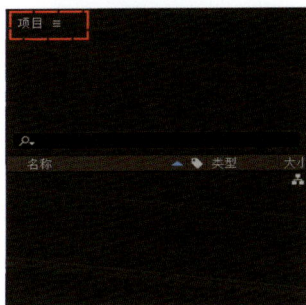

图 3-85 AE 界面项目栏

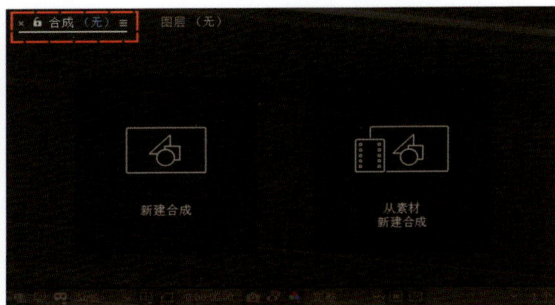

图 3-86 AE 界面合成窗口

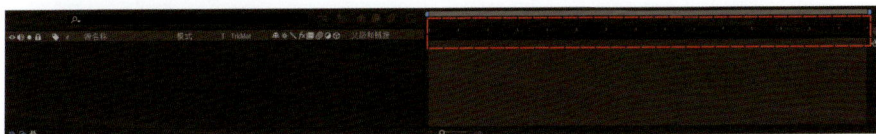

图 3-87 AE 界面时间窗口

2.AE 动画和关键帧编辑

AE 允许用户通过设置关键帧来控制对象的属性，如位置、大小、透明度等，从而创建出流畅的动画效果。关键帧可以在时间轴上进行精确调整，使动画效果更加细腻和自然。

以下是 AE 软件中动画和关键帧编辑功能的简单教程。

（1）新建合成（图 3-88）。

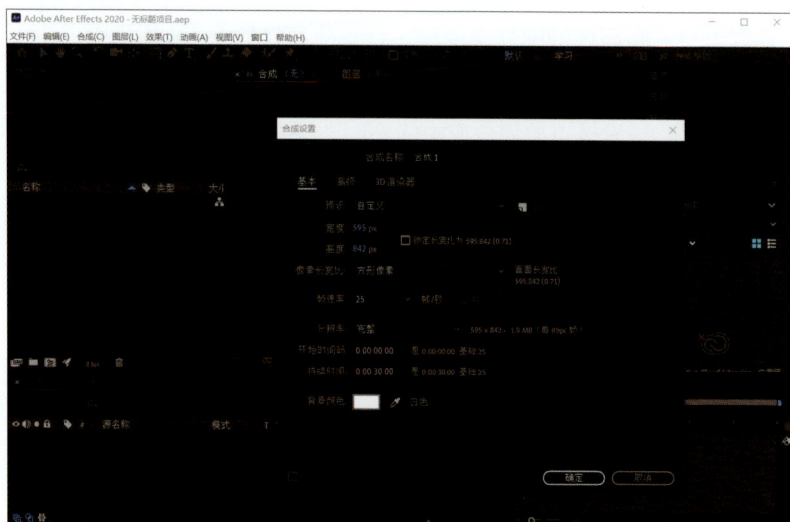

图 3-88　AE 界面新建合成

（2）用形状工具画出一个任意形状（图 3-89）。

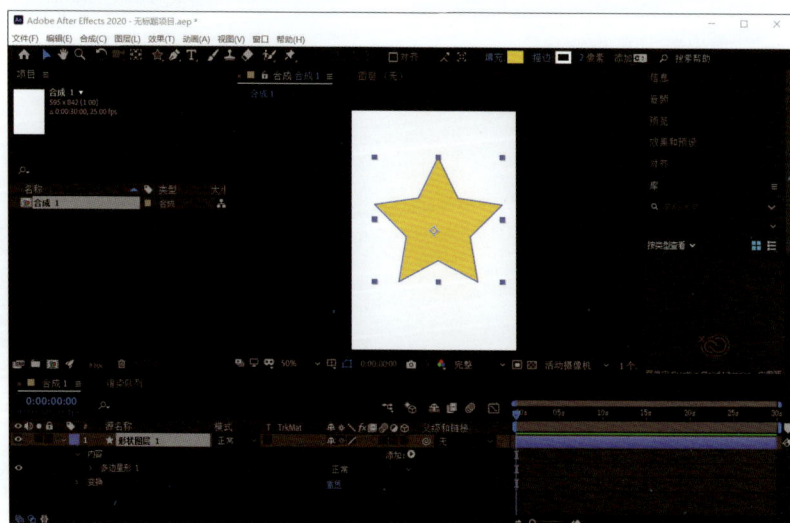

图 3-89　AE 界面图形创建

（3）点击"transform"前面的小三角（图 3-90）。

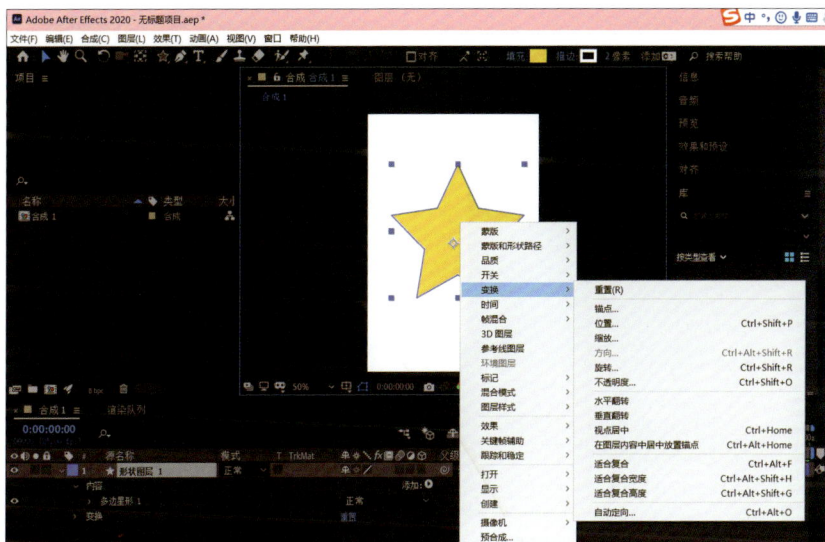

图 3-90　AE 界面图形转变

（4）出现基本的动画效果，比如放大缩小、位置等。例如需要做一个放大或缩小的动画，点击"scale"（缩放）前面的标志，在时间轴的对应位置会出现一个小点（图3-91）。

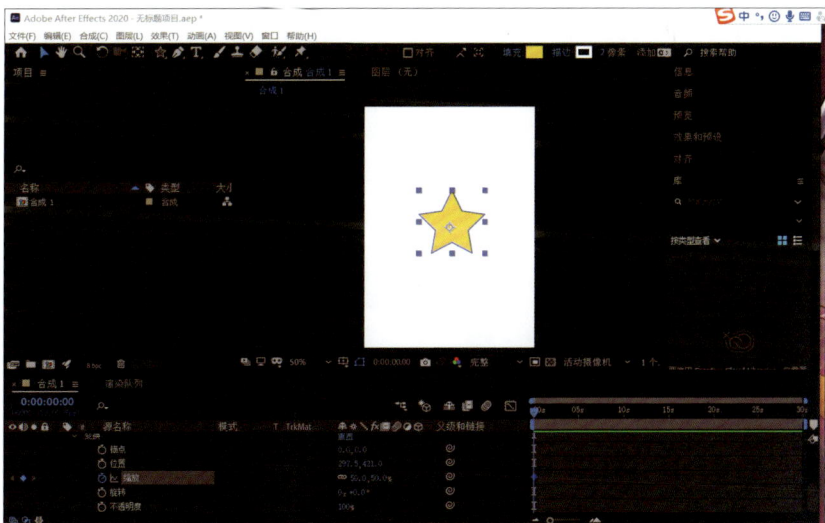

图 3-91　AE 界面图形缩小

（5）接着移动时间轴上的滑块到合适的位置，改变"scale"的数值，即可出现另一个点，然后预览一下，即可有放大或缩小的动画了（图3-92）。

（6）在添加关键帧时，如果添加得多，可以点击图层上方的工具栏，自动打关键帧，只要任意效果的数值变化，就会自动在当前位置打上关键帧。

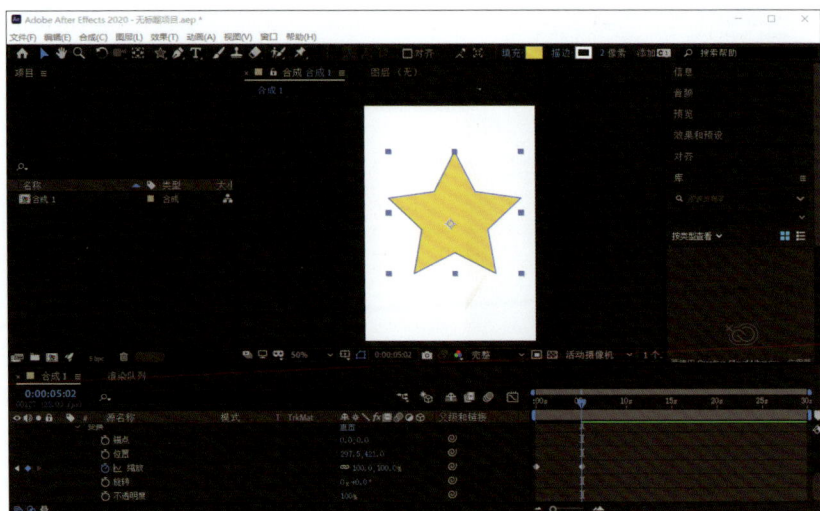

图 3-92 AE 界面图形放大

　　关键帧的不同类型和组合可以实现丰富多样的动画效果，具体操作可能会因 AE 的版本不同而有所差异。

3.特效和滤镜

　　AE 提供了大量内置的特效和滤镜，如模糊、发光、阴影、色彩校正等。用户可以直接应用这些效果，也可以根据需求进行自定义设置，以实现独特的视觉风格。

　　以下是 AE 中特效和滤镜功能的简单教程，以高斯模糊（Gauss Blur）柔焦效果为例。

　　（1）新建一个调整图层，添加高斯模糊效果，增加模糊度的数值，调整为 120（图 3-93）。

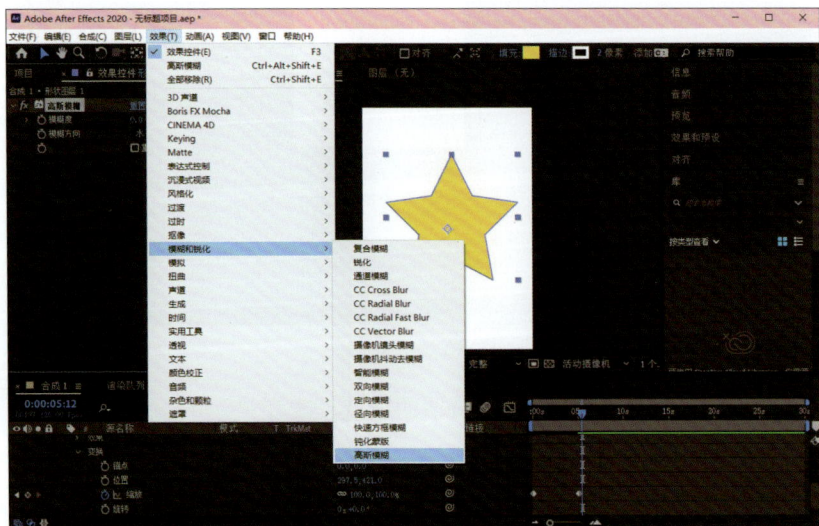

图 3-93 AE 界面高斯模糊

（2）把调整图层的模式修改为屏幕（图3-94）。

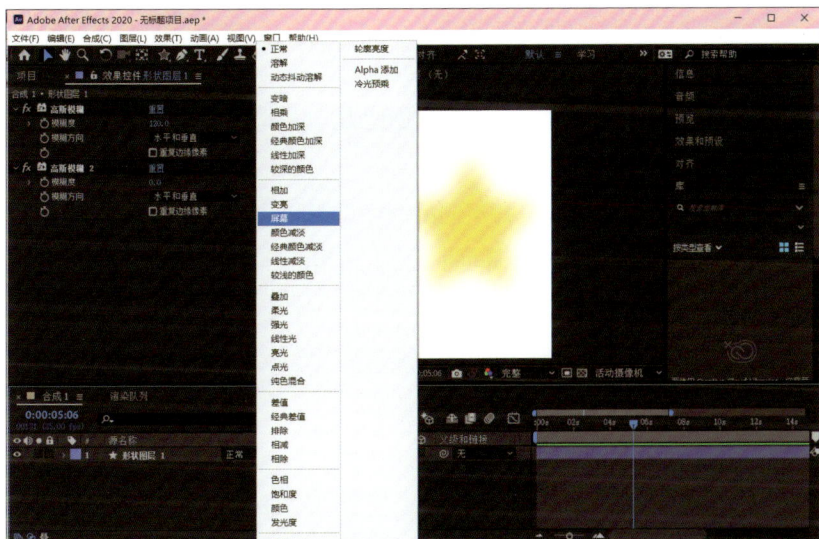

图 3-94　AE 界面屏幕效果

（3）按 T 键调出透明度属性，修改为 50 即可（图 3-95）。

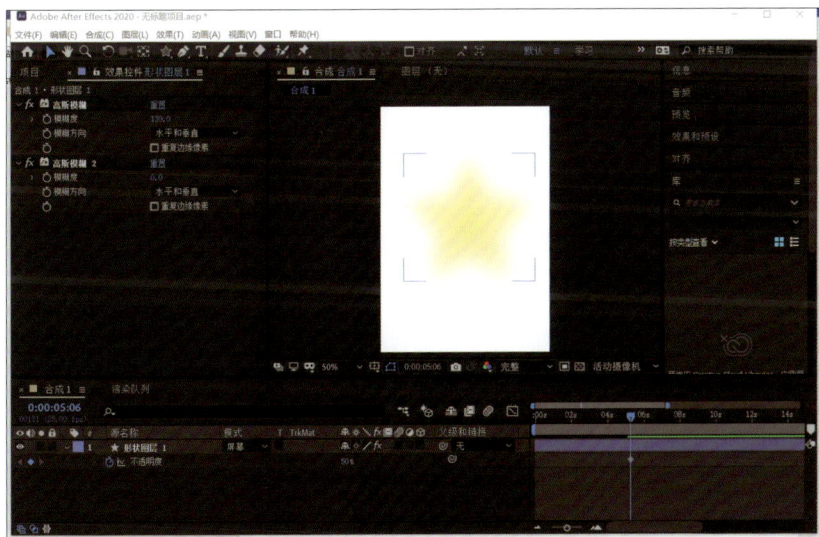

图 3-95　AE 界面不透明度

4. 图层和蒙版

AE 中的图层概念类似于图像编辑软件，每个图层可以独立操作和编辑。同时，蒙版功能可以用于隐藏或显示图层的部分内容，实现复杂的遮罩效果。

5. 三维空间操作

虽然 AE 主要用于二维动画，但它也具备一定的三维空间操作能力。用户可以在三维空间中移动、旋转和缩放对象，创建立体感的场景和效果。

6. 表达式和脚本

对于高级用户，AE 支持使用表达式和脚本来自动执行某些任务或实现复杂的动画逻辑，这为动画制作提供了更大的控制权和创造力。

7. 渲染和输出

完成动画制作后，用户可以选择不同的渲染设置和输出格式，将作品导出为视频文件、图像序列或其他格式，以便在不同的平台上使用。

8. 与其他软件的集成

AE 与其他 Adobe 系列软件（如 Premiere Pro、PS 等）具有良好的兼容性，可以方便地进行项目导入和导出，实现高效的工作流程。

9. 模板和预设

AE 社区提供了丰富的模板和预设资源，用户可以直接下载和使用这些资源，加快项目制作进程。

三、AE 表达式

1.AE 表达式的特点和优势

AE 表达式的突出特点和优势是功能强大且灵活。它可以让制作者无须手动添加关键帧便可生成动效，也可以对设置好的关键帧进行控制，循环往复运行下去。表达式可以在不同图层的各种属性之间建立联系。使用表达式关联器为图层属性创建连接时，制作者不需要写任何代码，AE 可以自动生成表达式，从而大幅提高工作效率。制作复杂的动画时，表达式可以通过编写代码快速地控制和完成动画，也可以将含有表达式的动画保存成预设，让其他工程文件调用。表达式还可以转换为关键帧，这些关键帧可以进一步编辑。

2.AE 表达式语法

编写 AE 表达式，使用的是 Java Script 语言，所以在书写时一定要注意以下几点语言规范：

（1）字母要区分大小写；

（2）中文的标点是不能识别的；

（3）句末用"；"结束；

（4）除了字符串中的空格外，其他空格和换行将被忽略。

3.AE 表达式的常用函数

AE 表达式有以下几个比较常用的函数。

（1）time 函数，是时间函数。它的值是当前合成的时间，单位为秒。它可以提供一个持续变化的数值。在实际使用中经常写成"n*time"。n 取一个常数，可以增大或缩小函数值。

（2）wiggle 函数。wiggle 函数一般形式为 wiggle（freq，amp，octaves=1，amp_mult=.5，t=time）。Freq 指的是频率，amp 指的是振幅。通常在使用 wiggle 函数时，只需指定前两个参数即可。它可以使属性的值在参数范围内随机变化。当属性是多维时，函数对每个维度都同时有效。

（3）value 函数，是当前属性的数值。

（4）Math.cos（value）函数，value 是一个数值，这个函数返回 value 的余弦值。

（5）Math.sin（value）函数，value 是一个数值，这个函数返回 value 的正弦值。

四、课题训练

课后习题 1：根据学习相关软件的步骤，完成主题为"文字动画"的练习（完整步骤图见二维码）。

文字动画

课后习题 2：根据学习相关软件的步骤，完成主题为"卡通表情"的练习（完整步骤图见二维码）。

卡通表情

课后习题 3：根据学习相关软件的步骤，完成主题为"音乐粒子"的练习（完整步骤图见二维码）。

音乐粒子

课后习题 4：根据学习相关软件的步骤，完成主题为"绿幕抠像"的练习（完整步骤图见二维码）。

绿幕抠像

第七节　便捷影像美化专家——美图秀秀

一、美图秀秀基础介绍

1. 概述

美图秀秀是 2008 年 10 月 8 日由厦门美图科技有限公司研发、推出的一款免费影像处理软件，全球用户累计超 10 亿，在影像类应用排行上长期保持领先优势。2018 年 4 月，美图秀秀推出社区，并且将自身定位为"潮流美学发源地"，这标志着美图秀秀从影像工具升级为让用户变美为核心的社区平台。

目前美图秀秀已经支持简体中文、繁体中文、藏语、英语、日语、韩语、印度尼西亚语、印地语、泰语、西班牙语、葡萄牙语、越南语 12 种语言。

2. 发展历程

美图秀秀 PC（个人计算机）版于 2008 年上线，历经发展至今拥有极为深厚的历史，曾多次荣获影像类奖项。十几年来，美图秀秀软件不断升级转型（图 3-96），用技术满足审美需求，用潮流美学影响受众，并通过技术与效果的更迭持续为用户提供美图服务。

图 3-96　美图秀秀 APP 发展历程

二、美图秀秀的功能

美图秀秀提供了一系列丰富的编辑工具和特效，主要有以下几种功能（图 3-97）。

图 3-97　美图秀秀 PC 版功能展示

1.图片编辑

美图秀秀提供一系列工具，如调整裁剪 / 旋转 / 尺寸、消除笔、光效、色彩、一键换色、色调分离、细节、HSL，使照片看起来更加出色（图 3-98）。

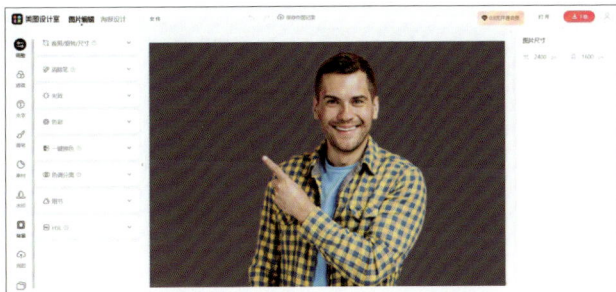

图 3-98　美图秀秀图片编辑功能

2.美颜功能

美图秀秀可以自动或手动调整人脸的特征，如磨皮、美白、瘦脸等，让人物看起来更加美丽（图 3-99）。

图 3-99　美图秀秀图片美颜功能

3.图像裁剪和旋转

美图秀秀允许用户裁剪照片的尺寸或旋转图像以获得所需的角度（图 3-100）。

图 3-100　美图秀秀图像裁剪和旋转功能

4. 滤镜和特效

美图秀秀提供各种滤镜和特效，如复古、艺术、黑白等滤镜，模糊、锐化、油画等特效，为照片添加不同的风格（图 3-101）。

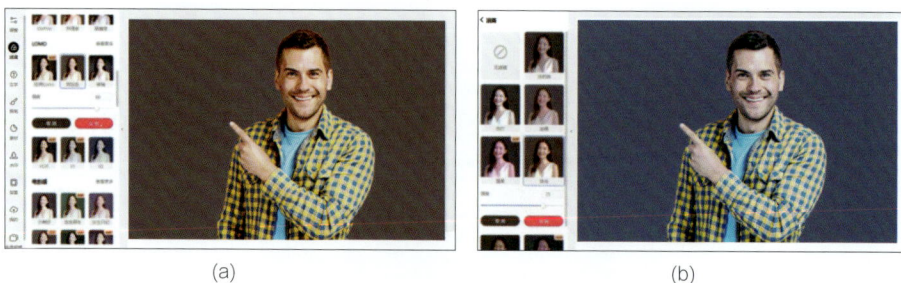

(a)　　　　　　　　　　　　　　　　　　　(b)

图 3-101　美图秀秀图像滤镜和特效功能

5. 贴纸和文字

美图秀秀用户可以添加贴纸、水印、表情符号或文字到照片上，增加趣味性和个性化（图 3-102）。

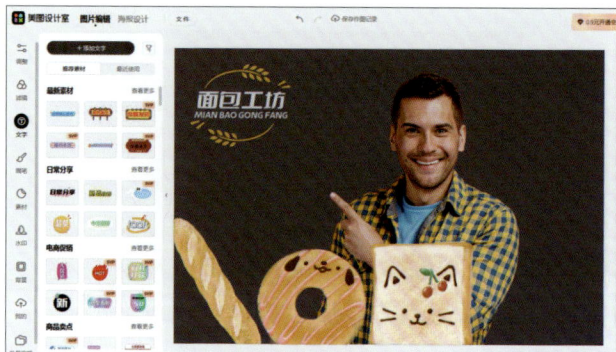

图 3-102　美图秀秀图像贴纸和文字功能

6. 拼图和布局

美图秀秀支持将多张照片拼接在一起，提供不同的布局和模板选择（图 3-103）。

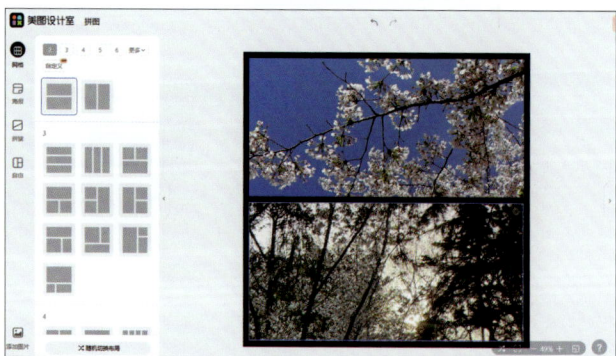

图 3-103　美图秀秀图像拼图和布局功能

7. 海报制作

美图秀秀提供海报模板，方便制作各种宣传海报（图3-104）。

图 3-104　美图秀秀图像海报制作功能

8. 智能抠图

美图秀秀可以精确地抠除图像中的主体（图3-105）。

图 3-105　美图秀秀智能抠图功能

9. 照片修复

美图秀秀可以修复旧照片或有瑕疵的照片（图3-106）。

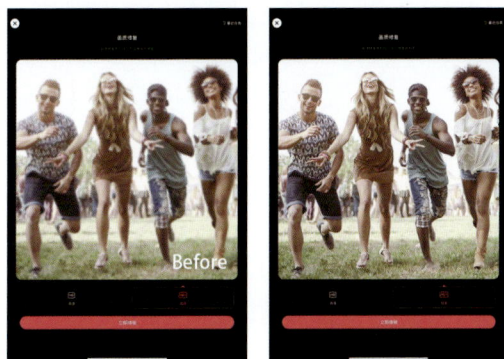

(a)　　　　　　　　　　(b)
图 3-106　美图秀秀照片修复功能

10.边框和背景

美图秀秀提供各种边框和背景样式（图3-107）。

11.视频编辑

美图秀秀具备简单的视频编辑功能，如剪辑、添加滤镜、美颜、音乐等（图3-108）。

12.社交分享

美图秀秀方便用户将编辑好的照片或视频分享到社交媒体平台上（图3-109）。

图 3-107　美图秀秀边框和背景功能

图 3-108　美图秀秀视频编辑功能

图 3-109　美图秀秀社交分享功能

三、课题训练

1.美图秀秀课后习题

美图秀秀课题训练是提高使用技能的有效方式。学习本章内容，熟悉美图秀秀基本界面、工具和操作方法并完成以下美图课题训练。

（1）尝试用人像美容、图片美化工具，完成一张人像修图。

（2）利用美图秀秀海报制作功能完成一张海报设计，效果如图3-110所示。

图 3-110　美图秀秀海报展示

2. 美图秀秀课后习题解答

（1）尝试用人像美容、图片美化工具，完成一张人像修图。

步骤一：打开软件。启动美图秀秀应用程序。

步骤二：导入照片。选择要美容的人像照片。

步骤三：美颜。调整磨皮、美白等参数，使皮肤更加光滑细腻。

步骤四：瘦脸瘦身。可以对脸部和身体进行微调。

步骤五：祛斑祛痘。去除瑕疵。

步骤六：增高。改变身材比例。

步骤七：眼睛放大。让眼睛看起来更大、更明亮。

步骤八：调整细节。根据需要进行其他细节的调整，如清晰度、对比度等。

在使用过程中，可以根据个人需求和照片特点，灵活调整各种参数和功能，以达到理想的美容效果。

（2）利用美图秀秀海报制作功能完成一张海报设计，效果如图 3-110 所示。

步骤一：打开软件，启动美图秀秀应用程序（图 3-111）。

图 3-111　美图秀秀海报设计界面

步骤二：浏览模板库。在软件中找到海报模板或相关功能（图 3-112）。

图 3-112　美图秀秀浏览模板库

步骤三：选择模板。挑选适合自己的海报主题的模板（图3-113）。

图 3-113　美图秀秀选择模板

步骤四：替换图片。可以上传自己的图片或选择软件提供的图片（图3-114）。

图 3-114　美图秀秀替换图片

步骤五：文字编辑。添加、修改海报上的文字内容，包括标题、副标题、描述等（图3-115）。

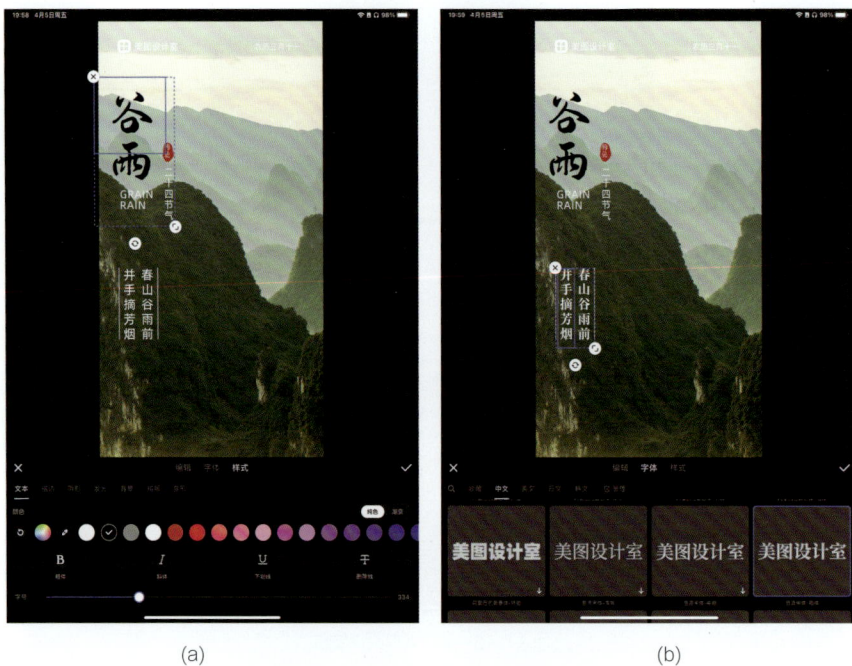

(a)   (b)

图 3-115　美图秀秀文字编辑

步骤六：调整元素。改变位置、大小、颜色等（图3-116）。

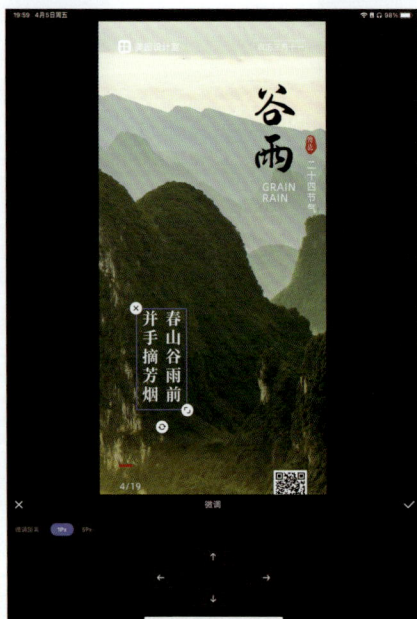

图 3-116　美图秀秀调整元素

步骤七：检查与预览。仔细检查海报的内容、排版和整体效果。

步骤八：保存与导出。选择合适的格式保存海报，以便打印或分享。

（3）海报制作注意事项

第一，简洁明了。保持海报内容简洁，突出主要信息。

第二，色彩搭配。选择合适的颜色组合，吸引观众目光。

第三，排版合理。使文字和元素布局有序，易于阅读。

第四，高质量图片。使用清晰、高质量的图片，不使用模糊或分辨率低的图片。

第八节　大众视频创作利器——剪映 APP

一、剪映 APP 基础介绍

1. 基础功能

（1）视频剪辑。剪映 APP 允许用户对视频进行裁剪、拆分和合并，以便对素材进行编辑和组合。

（2）特效和滤镜。该应用程序提供了各种特效和滤镜，使用户能够为视频添加不同的效果，从而增强视觉吸引力。

（3）文字和标题。用户可以在视频中添加文字和标题，包括字幕、说明或任何其他信息，以便更好地传达内容。

（4）音频编辑。剪映 APP 允许用户编辑视频的音频轨道，包括调整音量、淡入淡出以及添加背景音乐等功能。

（5）转场效果。用户可以使用各种转场效果来平滑过渡不同的视频片段，使整个视频流畅且专业。

（6）视频调整。剪映 APP 提供了一系列视频调整工具，例如色彩校正、亮度 / 对比度调整等，帮助用户改善视频的外观。

（7）速度控制。用户可以调整视频的播放速度，包括加速、减速或创建慢动作效果，以满足不同的编辑需求。

（8）分辨率调整。剪映 APP 支持调整视频的分辨率和比例，以适应不同的平台和设备。

（9）导出和分享。完成编辑后，用户可以将视频导出到设备中，并分享到各种社交媒体平台，如 Instagram、YouTube 等。

2. 基础工具

（1）分割工具（图3-117）。将一个完整的视频或音频分成多个小段，每个小段称为一个片段。每个片段可以独立操作，不影响其他片段。这种分割工具适合视频轨道、画中画、音频轨道、贴纸轨道、文字轨道、特效轨道以及滤镜轨道。

（2）复制与删除工具。可以复制或删除素材或单个片段。视频轨道、画中画、音频轨道、贴纸轨道、文字轨道、特效轨道和滤镜轨道都支持复制和删除操作。

（3）倒放与变速工具。目前可以选择将视频播放速度调整为0.1~10倍速之间的慢放或快放，并且可以选择是否调整音调。若选择调整音调，视频将以变速播放，同时声音也会相应变调，因此变速后的视频时长会随之改变。

（4）音量与变声工具。按住○并左右拖动，就可以调节音量大小。音量可以增加至原来的2倍，而将音量调至0则可使视频静音（图3-118）。此外，剪映还提供了变声工具，可用于调整视频中的人声音调，目前共有5种效果可供选择。

图 3-117　分割工具

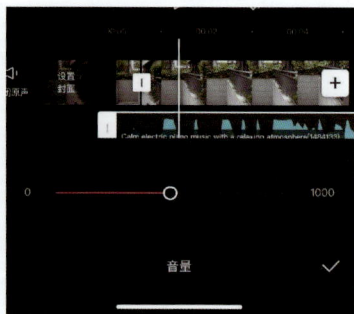

图 3-118　音量调节按钮

（5）降噪工具。在拍摄光线不足的情况下，设备会通过增加电平信号来增强画面亮度，但这也会导致噪点信号的同步增加，结果就是画面上会出现各种大小的颗粒状点，通常称为视频噪点。剪映APP的降噪工具仅适用于视频，不能对导入的图片进行降噪。

如果想在剪映 APP 中对图片进行降噪，可以先将图片导入，然后导出成视频，再次导入视频即可对图片进行降噪。另外，也可以使用图片处理软件对图片进行降噪。

（6）美颜工具（图 3-119）。无论是图片还是视频，都能使用美颜工具。然而，如果图片或视频中没有人脸，则该效果无法使用。剪映 APP 能够自动识别视频或图片中的人脸。如果将美颜效果应用于一个轨道上的多个视频片段，可以点击左上角的"应用到全部"按钮，这样就会将该效果应用到所有片段上。美颜工具提供了磨皮和瘦脸两个功能。磨皮功能能够消除人物皮肤上的斑点、瑕疵和杂色，让皮肤看起来更光滑、细腻；瘦脸功能能够使人物的脸部看起来更瘦。

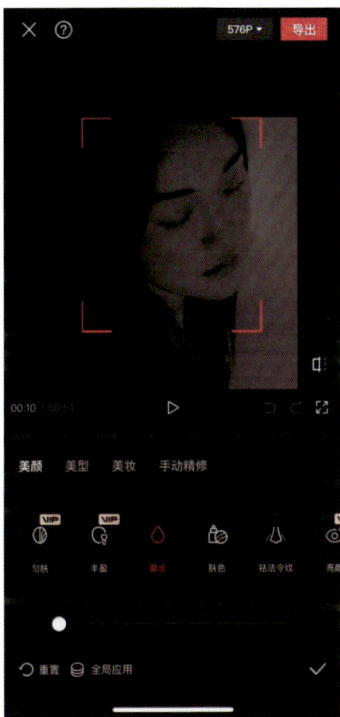

图 3-119 美颜工具

（7）不透明度工具。此工具用于调整素材（视频、图片）的可见程度，默认为100，表示素材完全可见。可以通过左右滑动来调节此数值。当数值为 0 时，表示素材完全不可见。如果在主视频轨道下方存在画中画视频轨道，则在画中画轨道上使用不透明度工具时，两个轨道上的视频会融合在一起，这常常用于制作合成特效。

（8）编辑工具。此工具能够对主视频轨道和画中画视频轨道中的视频或图片进行一系列编辑操作。这包括旋转视频、视频镜像和裁剪视频尺寸。旋转视频时，每次可以旋转 90°，经过四次旋转即为 360°，使视频保持正向。视频镜像可以产生一些炫酷的效果。裁剪工具则用于裁剪视频画面。

（9）替换工具。通过点击替换按钮，可以将当前视频或视频片段替换为其他素材，这样就省去了删除原视频再插入新视频的烦琐。替换工具和插入视频素材的功能不同：插入视频会将新视频插入在当前播放节点所在视频片段之后，而播放节点所在的视频片段不会消失；替换是将新视频替换选中的视频片段，替换后原视频消失。

（10）音频淡化工具。音频淡化工具专门用于音频轨道，提供两个选项，即缓入时长和缓出时长。通过缓入和缓出，可以实现声音的平滑过渡。缓入使声音从低音量逐渐增大到正常音量，缓出则使声音从正常音量逐渐减小到静音状态。

（11）层级工具。如果想将第一个画中画视频轨道置于最上层，首先选中画中画视频轨道，然后使用层级工具，选中该视频点击"顶部"按钮将其置于最上层。此时，第一条画中画视频轨道的层级将提升，显示在最顶端（图3-120）。

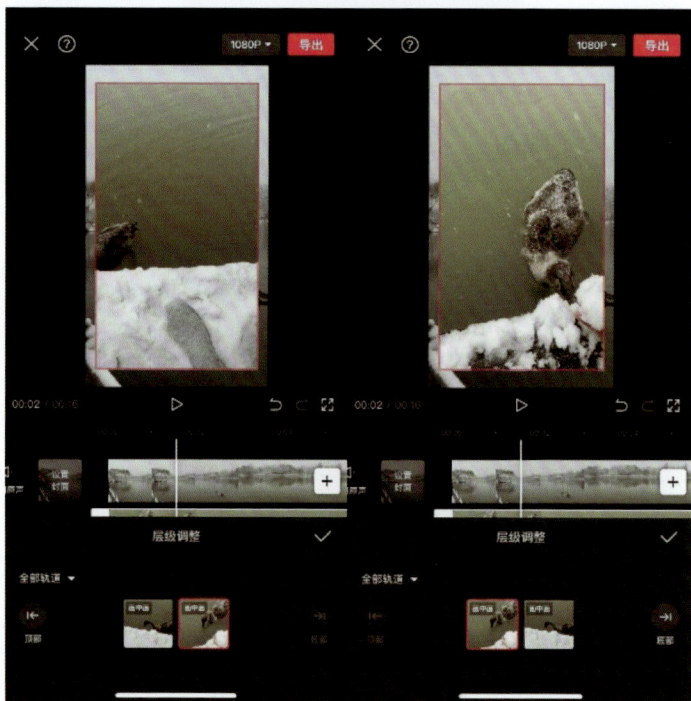

图3-120　使用层级工具对比

（12）切主轨（画中画）工具。使用切换主轨（画中画）工具，可以调换画中画轨道和主轨轨道中的片段位置。举例而言，通过切换主轨，可以将画中画轨道中的片段移到主轨上相应的位置；同样，通过切换画中画，可以将主轨中的片段移到画中画轨道上相应的位置。

3. 进阶工具

（1）音乐与音效工具。可以为视频添加音乐，这将单独生成一个音频轨道。打开音乐工具，可以选择推荐、收藏或导入音乐。在当前版本中，推荐音乐功能已经升级，现在可以使用搜索框进行查找。此外，音效工具可以为视频添加各种音效，同样会生成一个音频轨道。

（2）识别字幕工具。能够识别主视频轨道中的人声音频或音频轨道中的人声音频，并自动生成一个字幕轨道。在字幕轨道中，将会显示多个字幕片段，默认与音频同步。

（3）识别歌词工具。歌词识别工具与字幕识别工具相似，能够从音频中识别歌词，并自动生成相应的字幕。若音频包含歌曲，建议使用歌词识别工具，其识别准确度更高、速度更快。目前，该工具仅支持国内歌曲的识别。

（4）录音工具（图3-121）。使用录音功能生成一条音频轨道。长按录音按钮即可开始录音，松开按钮即可完成录音。确认后，将会生成相应的音频轨道。

图 3-121 录音工具

（5）文本工具。通过文本工具，可以添加文本，从而生成一条字幕轨道。可以自定义文字的样式、大小、位置和动画等设置。

（6）贴纸工具。使用贴纸工具，可以添加动态贴纸，并生成一个贴纸轨道。贴纸轨道支持多个贴纸的添加，并且可以叠加不同效果。

（7）画中画工具。用于导入视频或图片的功能可以通过点击"新增画中画"来实现。画中画轨道可以包含多个轨道，并且具有层级关系。层级从上到下逐渐增加，但是通过层级工具可以改变画中画轨道的层级。层级较高的视频会显示在其他低层级的画中画轨道之上。

（8）特效工具。使用特效工具能够为视频增添各种特效，而且它支持设置多个特效轨道，这些轨道上的特效效果可以相互叠加。每个特效片段在不同的特效轨道中都可以进行上下位置的调整。在特效轨道内，可以精确地调整特效的出现位置和时长，以实现更加精准和个性化的视频编辑效果。

（9）滤镜工具。为视频应用滤镜效果，从而丰富视频的视觉表现力。滤镜轨道的设定灵活多样，可以创建单条或多条滤镜轨道，而且这些轨道上的滤镜效果能够相互叠加，产生层次丰富的视觉体验。滤镜片段在不同的滤镜轨道之间可以进行上下位置的调整。在同一滤镜轨道内，可以添加不同的滤镜片段，通过组合不同的滤镜效果，创造出丰富多样的视觉风格。

（10）比例工具。比例工具用于调整画布比例，与裁剪工具的功能有所区别。裁剪工具主要用于调整视频的比例尺寸，即改变视频画面的宽高比；比例工具则专注于调整画布的比例尺寸，即改变整个视频编辑区域的宽高比例。通过比例工具，用户可以根据需要调整画布的比例，以适应不同的展示需求或创作意图。

（11）背景工具（图3-122）。可以调整画布的背景色和样式，选择适当的颜色作

图3-122 背景工具

为画布的背景色。添加图片背景，从而改变其样式。为画布背景增加一种朦胧的效果，可以选择将模糊处理后的视频作为背景。

（12）调节工具。能够对选定的视频片段进行调色处理，通过左右拖动滑条，可以调整各种效果。恢复到原始状态，只需点击重置按钮，所有当前的调解效果都将被取消。调节工具会自动生成对应的调节轨道，并允许创建多条轨道以满足不同需求。选中特定的调节轨道后，可以选择应用的时间和时长，以及重新调整效果。不同调节轨道的效果可以叠加。其中，亮度用于调整画面的明暗程度；对比度用于增强画面中明暗部分的对比强度；饱和度用于调整画面颜色的鲜艳度。锐化功能可以快速聚焦模糊边缘，提升画面中某一区域的清晰度或焦距效果，但过度使用可能会适得其反。高光和阴影分别用于调整画面中过亮或过暗部分的亮度，以处理曝光问题。色温是描述光源颜色的一个指标，不同的光源色温会产生不同的色彩效果。在拍摄自然光（如太阳光）时，由于不同时间段的光线色温不同，拍摄出的照片色彩也会有所差异。因此，可以根据拍摄环境来调整色温，以获得更真实的色彩表现。色调是指整体画面的色彩倾向，如冷色调或暖色调。通过调整色调，可以为画面增添特定的情感氛围。另外，褪色功能可以减少画面中的色彩成分，为视频增添一种独特的艺术效果。

（13）动画工具。动画工具为视频片段提供丰富的动态效果，其中包括入场、出场和循环（或组合）三种动画形式。入场动画负责定义视频片段出现时的视觉效果；出场动画负责呈现片段消失时的过渡效果；循环（或组合）动画负责在片段持续显示的过程中增添动态变化。在同一个视频片段上，只能选择应用一种入场动画、一种出场动画以及一种组合动画，以确保动画效果的协调与统一。

（14）蒙版工具。在蒙版的设置中，有六种预设蒙版可供选择。在这些蒙版中，灰色部分代表着可见的内容，黑色部分表示这部分内容是不可见的。要调整蒙版的应用范围，可以通过拖动或者双指缩放来实现。另外，通过上下拖动，还可以选择蒙版的平滑过渡程度，从而确保画面转换更加自然流畅。

4. 高阶工具

（1）关键帧工具。帧，作为影像画面的最小单位，承载着视频的每一刹那。在这些帧中，特别关键的是那些捕捉了物体运动或变化中重要瞬间的关键帧。一旦设定了两个关键帧，软件便会自动填补这两个关键帧之间的动作，生成过渡帧。这些过渡帧平滑地连接了两个关键帧，使得整体动作流畅自然。利用这样的关键帧技术，可以实现各种生动的动画效果。

（2）曲线变速工具（图3-123）。该工具允许灵活控制画面不同部分的变速速率，其变速模板由黄线、灰色虚线和实线组成。可以将模板视为坐标轴，灰色实线为0轴，横轴表示视频时长，纵轴表示变速速率。上下虚线分别代表 10 倍速和 0.1 倍速，黄线反映了时间与速率之间的关系曲线。黄线位于实线上方表示快速，位于实线处表示正常速度，位于实线下方则表示慢速。

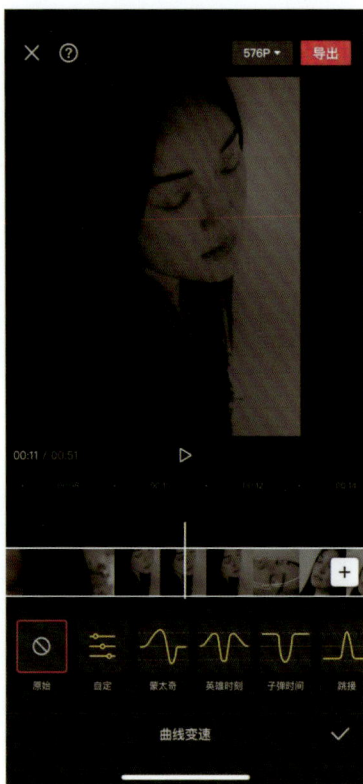

图 3-123　曲线变速工具

（3）踩点工具。可以统一音乐节奏与视频镜头转换的节奏，这样的视频更具节奏感。

（4）抠图工具。可以进行简单抠图，颜色相似的视频区域可以抠掉。

（5）混合模式工具。混合模式工具主要用于画中画轨道，使不同图层间的视频产生叠加效果。

二、视频剪辑训练

视频剪辑训练是提高剪映技能使用的有效方式。学习完该单元内容，熟悉剪映基本功能和操作方法并完成视频剪辑训练。

步骤一：打开剪映 APP，点击屏幕上方"开始创作"按钮，导入视频进行剪辑。

步骤二：点击"关闭原声"，去除视频原有声音（图 3-124）。

图 3-124　关闭原声

　　步骤三：点击"添加音频"，为视频添加一段新的音频，如选择下方菜单栏的"音乐"，从中选择一段音乐作为视频的音频（图 3-125）。

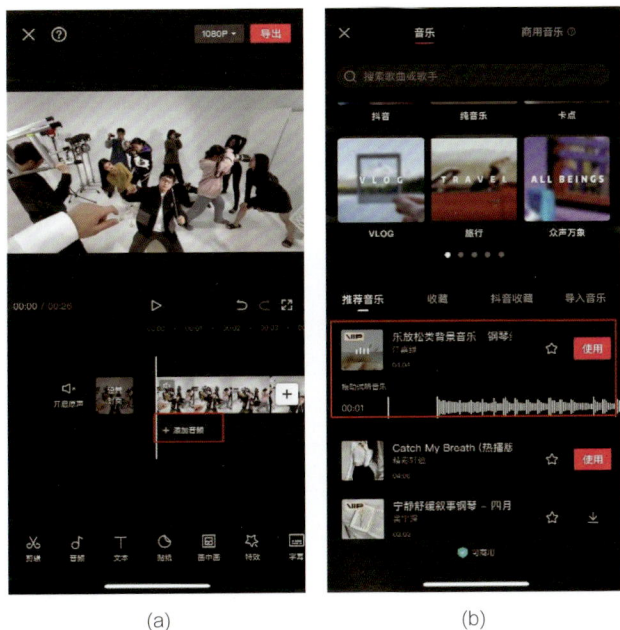

(a)　　　　　　　　　　　　　(b)

图 3-125　添加音频

　　步骤四：选择添加的音频，点击下方菜单栏中的"分割"对音频进行分割裁剪，使得音频长度与视频长度吻合（图 3-126）。

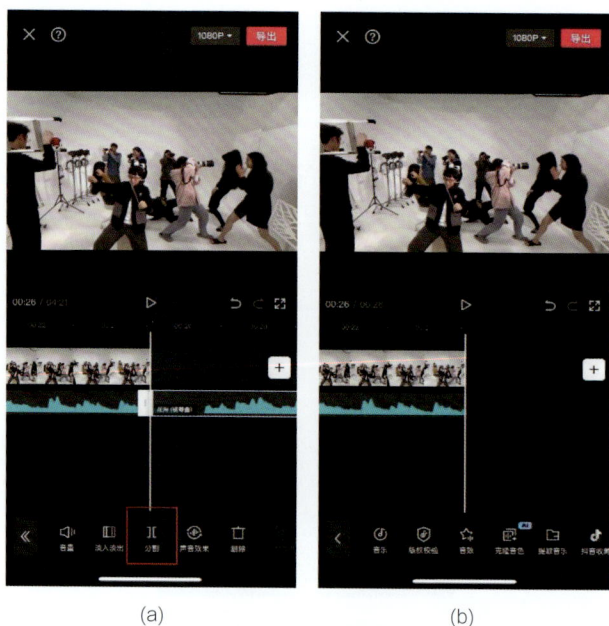

(a)   (b)

图 3-126　分割音频

步骤五：点击下面的"淡入淡出"，为视频添加 2s 的淡入（声音从无到有）以及 2s 的淡出效果（图 3-127）。

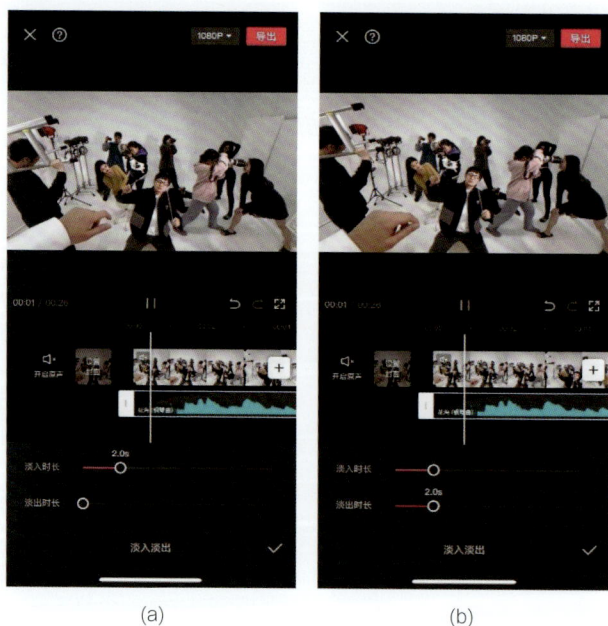

(a)   (b)

图 3-127　淡入淡出

步骤六：点击下方菜单栏"剪辑"，然后点击"变速"，选择里面"曲线变速"中的"蒙太奇"效果，为视频添加富有变化的变速效果（图 3-128）。

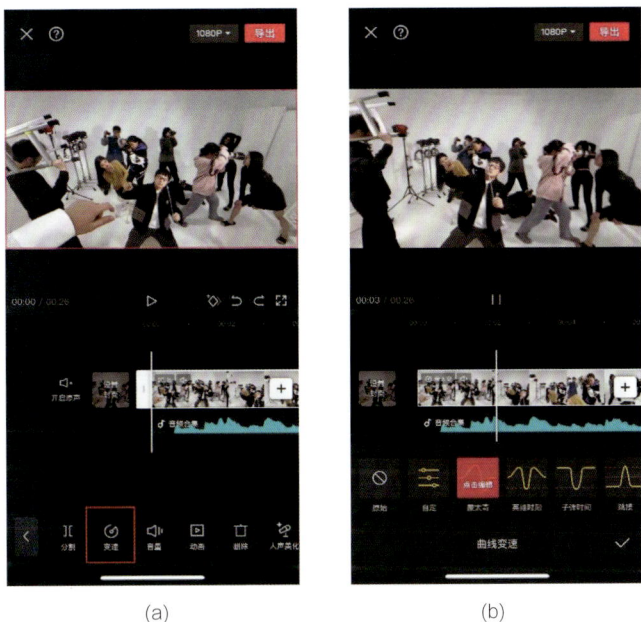

(a)   (b)

图 3-128 变速图——蒙太奇图

步骤七：点击下方菜单栏里的"滤镜"，选择里面的"白皙"效果，使视频整体变得白皙透亮（图3-129）。

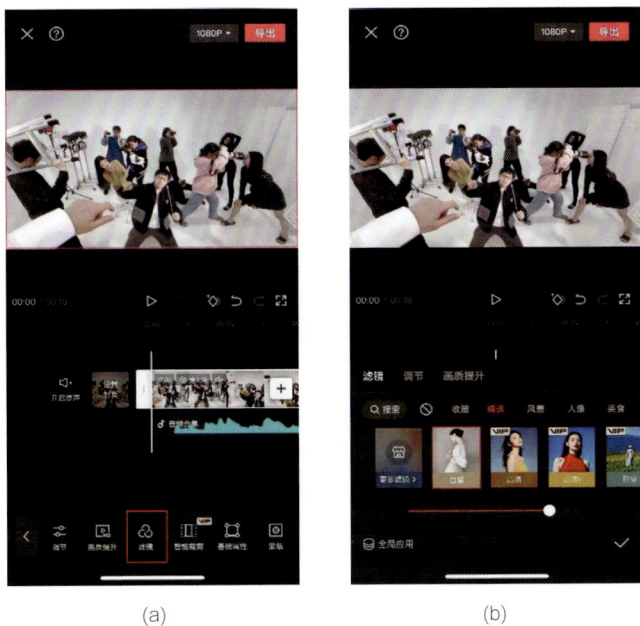

(a)   (b)

图 3-129 添加滤镜——白皙效果

步骤八：点击"文本"中的"新建文本"，输入文字"拍摄花絮"并调整文字样式、大小以及位置，为视频添加开头的文本标题（图3-130）。

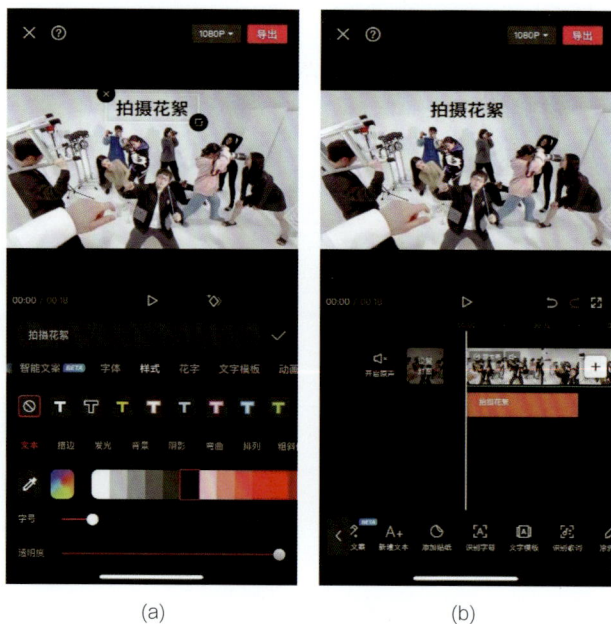

(a)   (b)

图 3-130　添加文本

　　步骤九：点击界面左上方"导出"按钮，将剪辑好的视频保存至手机相册（图 3-131）。

图 3-131　导出

三、课题训练

　　剪映 APP 课后综合训练；利用剪映 APP 剪辑一段跨年视频。

步骤一：打开剪映 APP，点击屏幕上方"开始创作"按钮，导入视频进行剪辑。

步骤二：点击"添加音频"，为视频添加一段音频，如选择下方菜单栏的"音乐"，在搜索框中输入"新年快乐"的字样，搜索新年快乐相关音乐并添加使用（图 3-132）。

图 3-132　添加音乐

步骤三：点击音量并将添加的音频音量调整到合适的大小（图 3-133）。

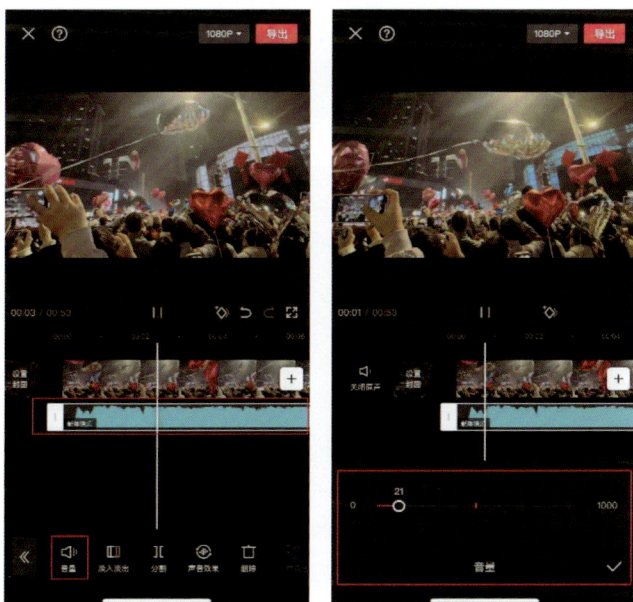

(a)　　　　　　　　　　　　　(b)

图 3-133　调节音量

步骤四：点击下面的"淡入淡出"，为视频添加2s的淡入（声音从无到有）以及2s的淡出效果（图3-134）。

图3-134 淡入淡出

步骤五：点击下方菜单栏"剪辑"，然后点击"变速"选择里面"曲线变速"中的"蒙太奇"效果，并点击进入编辑，设置好节点，使得视频呈现高低起伏的节奏感（图3-135）。

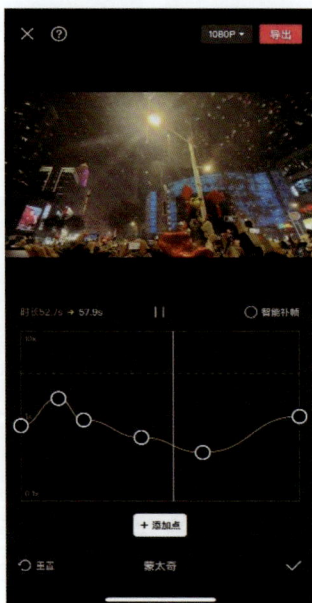

图3-135 蒙太奇效果

步骤六：点击分割，将视频多余的部分分割出来并删除（图 3-136）。

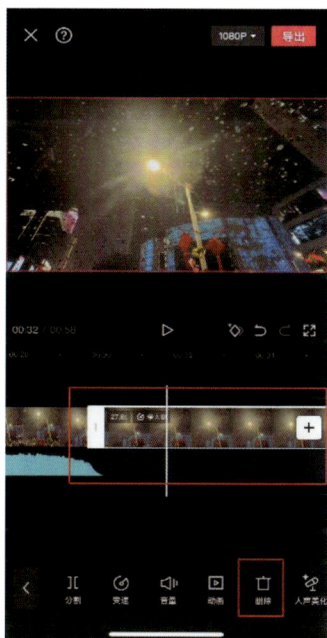

图 3-136 分割删除

步骤七：点击下方菜单栏中的"字幕"，再点击"新建字幕"，在方框中输入"新年快乐"的字样，并拖动至视频合适位置（图 3-137）。

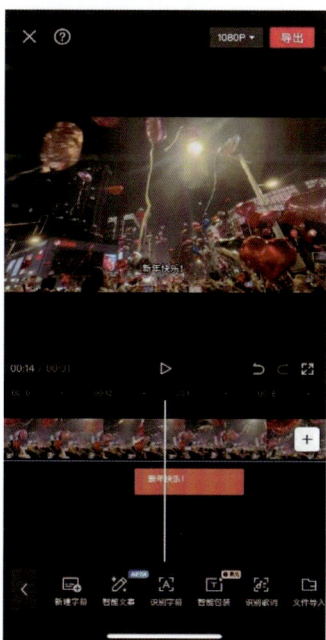

图 3-137 添加字幕

步骤八：点击下方菜单栏中的"特效"，为视频添加"渐隐闭幕"这一特效，使得结尾结束得流畅（图3-138）。

图3-138 渐隐闭幕

步骤九：点击界面左上方"导出"按钮，将剪辑好的视频保存至手机相册。

第九节 人工智能时代数字图像处理

一、Midjourney 基本介绍

Midjourney 是一款于 2022 年 3 月面世的 AI 绘画工具，由大卫·霍尔茨（David Holz）创立。用户只需输入想到的文字，该工具就能通过人工智能生成相对应的图片，整个过程大约只需 1min。自推出 Beta 版以来，Midjourney 迅速成为热门话题，并搭载在 Discord 社区上，广受欢迎。

Midjourney 公司是一个小型自筹资金团队，拥有 11 名全职员工。霍尔茨曾创办了 Leap Motion 公司，并在美国航空航天局（NASA）和马克斯普朗克研究所担任研究员。Transformer 架构的出现促进了多模态深度学习的发展，这使得自然语言处理（NLP）和计算机视觉整合成为图像合成的艺术方法，从而催生了 Midjourney 公司的诞生。霍尔茨认为，AI 不仅仅是现实世界的复刻，而是人类想象力的延伸。他从

Leap Motion 公司的创业经历中学到了很多,尤其是在产品设计方面。霍尔茨强调,永远不要试图凭空设计一个完整的产品体验,而应该找到看似无关的体验,选择其中最酷的三个,将它们结合在一起,并在细节上进行完善,以创造有深度且令人喜爱的产品。

Midjourney 的盈利模式基于付费订阅,公司按月向用户收取费用。它提供三种不同的套餐,分别是 10 美元 / 月、30 美元 / 月和 60 美元 / 月。霍尔茨认为,这种模式是最诚实的,因为它类似于为基础设施付费,这种模式为公司带来了每年上亿美元的营收。起初,Midjourney 的主要客户群体是高级用户,但这种策略限制了公司的营收。后来,公司调整了利润率,吸引了更多客户。霍尔茨曾表示,在科技变革的浪潮中,真正能够脱颖而出的企业或团队,往往拥有原创思维和强大的执行力。他强调,成功并非单靠个人力量所能实现。

二、Midjourney 使用指南

1. 注册 Discord 账号 / 链接服务器

(1)注册 Discord 账号。首先,访问 Discord 官网,注册一个 Discord 账号(图 3-139)。因为 Midjourney 没有自己的官方客户端,需要搭载在 Discord 里,可以把 Discord 视为微信,Midjourney 就是 Discord 里的小程序。注册时需要注意年龄,必须是成年,选择出生日期时选择 18 岁以上即可。

图 3-139 Discord 界面

(2)链接 Midjourney 服务器。接下来,需要把 Midjourney 小程序添加到自己的服务器中,具体步骤如下。

步骤一，验证人类身份和创建服务器，根据提示完成人机验证和服务器创建。

步骤二，找到 Midjourney 服务器，在 Discord 中搜索 Midjourney 即可找到，加入服务器。

步骤三，添加 Midjourney Bot 到自己的服务器中，按照步骤选择加入自己的服务器。

步骤四，点击"授权"，回到自己的服务器中检查 Midjourney Bot 是否已经加入。

2. 订阅会员

如果想要购买 Midjourney 的会员服务，可以通过 Discord 输入框输入"/subscribe"命令，或者在 Midjourney 页面点击"Manage Sub"进行订阅。选择不同的会员计划即可。

三、基础操作

1. 以文生图

在 Midjourney 中，以文生图就是直接使用"/imagine"命令制作图片（图 3-140），使用 prompt（关键词）指定图片的风格和特征。具体步骤和技巧如下。

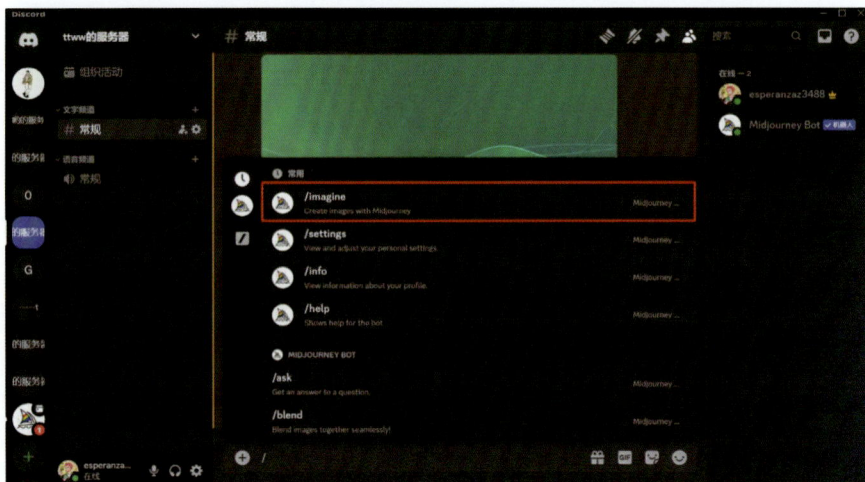

图 3-140　imagine 操作

（1）输入"/imagine"命令并输入关键词，如"a dog"，按回车键发送（图 3-141）。

图 3-141　输入示意

（2）使用 U/V 进行增强和延展，如认为第一张图片达到要求，点击 V1 基于第一张进行延展。若 U2 增强过的第二张图片比较满意，则点击 U2 对这张图片进行品质的提高。

（3）添加后缀，比如要制作一张 16：9 的计算机壁纸，需要添加后缀词 "--ar 16：9"。

（4）优化关键词组合，根据 "画面主体＋画面环境＋镜头视角＋风格参考＋渲染方式" 的公式优化关键词，使生成的图片更符合需求。

2. 图片混合

如果想要融合两张图片，可以使用 "/blend" 命令。上传两张图片并按两下回车键即可融合。

3. 以图生图

通过垫图或喂图加上关键词的方式制作图片。首先需要上传一张参考图，然后输入图片链接和关键词，即可生成对应的图片。

4. 保存图片

当确定一张满意的图片后，可以直接保存到本地计算机，通过浏览器打开并点击鼠标右键，选择另存为即可。

5. 查看历史图片

在 Midjourney 官网（图 3-142）或 Discord 历史记录中查看之前生成的图片记录。

图 3-142　Midjourney 官网界面

4

第四章

数字图像编辑创意与实践

Creativity and Practice of Digital Image Editing

第一节　数字图像编辑在数字媒体艺术中的应用

一、数字媒体艺术创作中数字图像编辑的深度渗透

图像合成是数字图像处理中不可或缺的一环。由于数字图像的应用和普及，各种平面设计作品为人们带来了丰富的视觉盛宴。图像合成通常是指将两张或多张图像的多元素通过技术和算法嫁接组合到另一张图片上，从而达到理想的效果。常见的图像合成的软件有 PS、CorelDRAW、IIIustrator 等。以下是图像合成的一般步骤。

1. 素材准备

首先选择合适的两张或多张原始图像，确保它们在主题、色调、分辨率等方面具有一定的相容性。

2. 图像调整

对原始图像进行必要的调整，如对比度、饱和度、亮度、色彩平衡等，使它们更好地融合。

3. 抠图

将图像中的某个对象从一张图像中提取到另一张图像中，就需要使用一些抠图工具，比如 PS 中的套索工具、魔棒工具、蒙版工具、快速选择工具等。在使用 PS 进行抠图时，可以根据图像的特点和需求选择合适的工具。同时还可以结合使用多种工具来达到更好的抠图效果。

4. 最终优化

使用图层、蒙版等工具，将抠好的图融合，调整透明度、混合模式等参数，对细节进行处理，整体检查合成图像并优化，以达到理想的合成效果。

例如美国著名的科幻电影《阿凡达》一经上映就广受好评，其在制作设计、视觉效果、视效合成、摄影、剪辑等各方面，席卷全球诸多奖项。以图 4-1 为例，分析其图像合成。从 3D 立体合成预览方面来说，它不仅担负着左右眼图像的实时合成，还承担着立体图像的实时监视播放，而且必须做到每秒 24 帧 1920×1080P 高清画面的处理任务，不时地还需要硬盘存取，可见其数据处理量的巨大。从虚拟摄像机来说，它是一款图像互动系统，包括软硬件两部分，用它做好 CG（Computer Generated Animation，即计算机生成动画）场景里的互动遨游。从立体抠像来说，将立体摄像机拍摄的立体视频图像进行抠像处理，可以加入提前实拍的一些场景素材作为背景叠加合成，也可以加入提前制作的 CG 或 VR 虚拟场景作为背景，还可以和虚拟摄像机配合，将虚拟图像和虚拟人物合成，成为虚拟视频所需要的画面。

图 4-1　《阿凡达》电影中的合成效果

二、数字媒体艺术中 VR 技术的沉浸式变革

VR 技术在数字媒体艺术领域的典型应用之一是虚拟展览，通过三维空间构建、实时交互技术和多感知通道融合，实现展览形态的沉浸式变革。

在空间维度上，依托三维点云建模与实时渲染技术构建超实体展览空间；在交互维度上，通过手势识别与触觉反馈装置建立双向感知通道；在叙事维度上，借助人工智能算法实现动态内容适配。这种由硬件传感器［头戴式显示器（HMD）、数据手套］、图形计算单元［图形处理器（GPU）集群］和空间音效系统构成的技术矩阵，正在重塑数字媒体艺术的创作与接受范式。以下从虚拟展览的定义、虚拟展览的特点、进行虚拟展览的步骤及注意要点、扬州大运河博物馆展览互动设计举例，系统阐释 VR 技术引发的沉浸式变革。

1. 虚拟展览的定义

虚拟展览是指通过现代化数字技术，将传统实体展览转换成 VR 中的展览形式。观众可以通过计算机、智能手机等设备，在线体验展览的内容，给观众一种身临其境般的感觉。这种全新的体验为传统展览带来了全新的可能性，不再局限于现实，突破时间和空间的限制，让观众能够随时随地地在数字化的世界畅游。

2. 虚拟展览的特点

（1）沉浸式体验。虚拟展览打破了传统实体展览的时空限制，观众可以近距离观察展品细节，甚至触及虚拟展品，让人身临其境，感受展品的魅力。观众也可以在工作间隙或者休息日随时进入虚拟展览，极大地提高了观众的参与度和便捷性。

（2）交互体验。观众与展品之间的互动性增强，虚拟展览赋予观众主动选择参观路线和展品的能力，使观众由非被动的旁观者变成参与者，观众自主选择感兴趣的展品进行互动，以获得更深入的了解，增强了参观的趣味性和吸引力，提高了展览的视觉和听觉体验。

（3）数据统计。通过数字化手段，整合多种媒体形式，如图片、视频、文字等，全面展示展品信息。虚拟展览可以对观众带的参观行为进行数据统计和分析，为后续营销提供有价值的信息，策划团队可以通过深入了解观众的喜好和行为习惯，进行更有针对性的展览内容规划和精准的观众定位。

（4）环保节能。虚拟展览减少了实体展览的资源消耗。

（5）可重复性。观众可以多次参观，深入探索。

（6）创新性。紧跟时代步伐，利用先进技术手段，带来新颖的观景方式。

3. 进行虚拟展览的步骤及注意要点

（1）确定展览主题和内容。在进行虚拟展览之前，必须明确展览的主题宗旨和内容，以及想要传达给观众的主要观念。策划团队只有在确定了策划的目的，明确了目的总体定位后，才能够进行后续的技术选择和内容制作。

（2）选择合适的虚拟展览技术。根据展览的策划需求和预算，选择合适的虚拟展览技术至关重要。虚拟展览技术包括 VR 技术、增强现实（AR）技术、3D 建模技术、全景摄影技术、交互技术、多媒体集成技术、网络通信技术、智能导览技术。这些技术都有其特定的适用场景和特点，策划团队需要根据展览内容和目标受众选择合适的技术方案。

（3）开发虚拟展览平台。选择合适的虚拟展览技术之后，就需要开发适用于各种终端设备的虚拟展览平台。无论是 PC 端还是移动端，都应该确保观众可以在任何一个不同的设备上体验虚拟展览内容，从而提升用户体验。

（4）制作展览内容。虚拟展览内容的制作是整个策划过程中最为关键的一环。展览内容应该生动、有趣、富有故事性，通过数字化手段和技术，使展品更加逼真，引人入胜。此外，不可或缺的是交互设计的环节，可以让观众与展品之间进行互动，提高参与感。

（5）宣传语推广。在虚拟展览上线前，进行充分的宣传与推广至关重要。可以利用社交媒体、电子邮件、合作伙伴等渠道，将虚拟展览的信息传递给潜在观众，吸引他们参与体验。

4. 扬州大运河博物馆展览互动设计举例

以新唐风建筑风格设计的扬州大运河博物馆，它将传统工艺与现代技术相结合，将展览展演、沉浸式体验、景观重现及游戏动线融为一体，形式新颖，再现了饱经风霜的中国大运河的前世今生。大运河博物馆馆内采用 NEC 投影机打造的沉厅，给人一种亦真亦幻的奇妙之感，为人留下了一段难忘的运河文化之旅。

馆内展览则以"运河带来的美好生活"为总体定位，设有"大运河——中国的世界文化遗产""因运而生——大运河街肆印象"2 个基本陈列，以及"运河上的舟楫""河之恋""大明都水监之运河迷踪"等 9 个专题展览，运用传统及数字等多样化的展示形式，对大运河的历史、文化底蕴、生态环境和人文面貌进行了全方位地展现。其中"运河上的舟楫""大明都水监之运河迷踪""河之恋"三大展厅由上海某展览设计工程有限公司整体策划设计，如图 4-2 和图 4-3 所示，通过打造"全域投影实时渲染 +720° 沉浸式场景交互剧场 + 实景游戏解谜"来活化大运河文化。

图 4-2 扬州大运河博物馆展览互动设计

图 4-3 游客乘坐沙飞船观景

展览采用全息投影、互动投影、虚拟现实、三维立体等多种方式，让观众置身于虚拟的"真实场景"中，运用"三维版画"数字媒体技术复原古代城市场景，以多视角递进的方式营造出"人在画中游"的沉浸式体验。

船只带领游客游弋于运河两岸风情，领略运河的盛世图景。博物馆将文物融入主题性环境，以互动体验赋能文物，共同向观众讲述文化故事。不使用常规展柜单独陈列，而是打通空间，创造"百舸争流"的运河船运盛况。

扬州大运河博物馆的建立，让人们看到千年历史通过数字化技术更加生动形象地铺陈在观众面前，使观众可以站在现代的视角，全方位地了解大运河的自然风物，一窥古代运河沿岸的繁盛与豪迈。

三、数字媒体艺术驱动下动态广告新姿

近年来，随着互联网的快速发展，视频广告的应用给广告行业带来了新的形态。视频广告是指通过视频形式来传播的广告信息。视频广告相较于传统广告，传播效果更加显著。广告本身是一系列商业信息的编码、加工与传播，因此新媒介技术的出现必然会为商业信息创造新的载体。早在影像传播初现的时代，视频就成为重要的广告方式，电视作为一种普及率较高的媒介端是广告商投放视频广告的主要途径，

但由于电视广告本身的时长限制，过去的视频广告一般不长于30s。而且受限于电视媒介传播形式与政策的局限性，广告形式为单向传播，广告内容较为规范且单一。

互联网短视频平台普及以后，较为宽松、自由的创作规则为短视频广告带来了新的可能。从时长上看，短视频广告短则十几秒，长则数分钟；从形式上看，短视频平台新技术的应用始终走在前沿，互动类短视频广告已经大量走进人们的生活；从内容上看，由于不受时长限制，更多的短视频广告开始大量应用叙事策略，从剧情上吸引受众，将广告内容融于短视频剧情。以下是广告视频拍摄的一般步骤。

1. 策划筹备

确定视频主题、风格、拍摄地点、拍摄时间等，编写详细的拍摄脚本和分镜头剧本，准备所需的拍摄设备和道具。如图 4-4 是视频拍摄脚本的种类和要素。

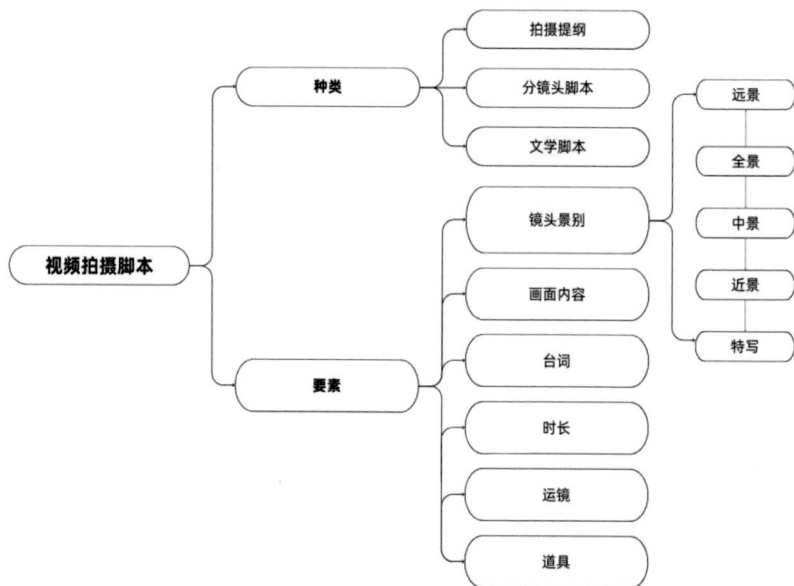

图 4-4　视频拍摄脚本的种类和要素

2. 拍摄执行

按照拍摄计划进行拍摄，注意光线、构图、色彩、声音等方面的表现，确保拍摄质量。

3. 后期制作

对拍摄的素材进行剪辑、调色、配音、添加特效等处理，使视频更加精彩。

4. 审核发布

完成后期制作后，对视频进行审核，确保内容符合要求，然后发布到相应的平台上。

四、影视分镜头脚本分析

表 4-1 是娃哈哈广告分镜头脚本。

表 4-1 娃哈哈广告分镜头脚本

镜头	镜头景别	运镜	时长 /s	画面	音乐	备注
1	全景	跟拍	4	午间透过教室走廊外的窗户望去，有的同学在休息，有的同学在看书……	环境音	注意窗户玻璃穿帮
2	近景	固定	7	两个同桌女孩同时转头看向教室后面的钟，然后笑嘻嘻地互相分享着零食，画面十分温馨	背景音乐 1	
3	特写	固定	3	一个女孩趴在桌子上，望着窗外，好像在等待着什么……	背景音乐 2	要给到窗外的镜头
4	近景	固定	6	这时铃声响起，另一个女孩拍了拍同桌的肩膀，两人默契地对视，手挽手开心地跑到操场上去	上课铃声	
5	全景	跟拍	4	两人一路嬉笑打闹……	孩子们的笑声	
6	中景	固定	5	两人跑累了，便坐在了操场的草地上拿出娃哈哈咕噜咕噜地开始喝了起来	环境音	

要想拍好视频广告，不仅要熟知视频广告的基本知识和操作方法，还要学会拉片分析。一个出彩的视频广告离不开拉片分析，没有经历过拉片分析的视频，它的制作过程是不完整的。拉片是一种反复观看、逐帧观看视频的活动，强调从头至尾，细致地分析、拆解。这种分析活动可以帮助人们了解视频中的每一个细节，包括音效、表演、镜头等。通过对影视分镜头脚本分析，我们能够了解一段影像在不同场景中所使用的景别、时长、音乐、音效以及运镜方法等，形成对画面的感知和导演思维的准确理解。

在进行拉片分析时，可以采用表格的形式、纯文字的形式、画面 + 文字、按场景类别的方式，对视频拍摄的要素逐一进行细致的了解，才能提升拍摄视频的专业水准。以下是拉片分析的主要步骤。

多次观看：反复观看视频广告，熟悉每一个细节、画面和情节变化。

记录镜头：详细记录每个镜头的景别、角度、时长、运镜方式等。

分析画面内容：描述画面中出现的人物、场景、物体等，以及它们所传达的信息和氛围。

研究剪辑与节奏：注意镜头的切换方式、节奏的快慢变化，以及对情绪和故事推进的影响。

分析声音：包括台词、音效、音乐等，它们如何与画面配合，增强表现力。

解读主题与立意：探讨广告所传达的核心主题、想要表达的观念或情感。

总结手法与效果：归纳运用的拍摄手法、表现技巧，以及最终达到的广告效果和对观众的影响。

通过影视镜头脚本分析，可以深入理解视频广告的创作思路、艺术特色和传播意图，从中汲取经验和灵感。央视公益广告《筷子》的拉片分析见表 4-2。

表 4-2 央视公益广告《筷子》的拉片分析

镜号	时间	镜头	景别	内　容	音乐	音响	人　声	主题	备注
1	3s	俯拍	特写	一副碗筷	无	无	老奶奶讲粤语，等下给你煮菜吃好不好	婴儿时代最早接触到筷子	启迪
2	2s	仰拍	中景	爷爷抱着宝宝，奶奶在后面	无	无	爷爷说，好啊好啊，宝宝叫声回应		
3	1s	隔着菜的前景平拍	特写	筷子蘸酱料	无	筷子与碗的碰撞声	爷爷哄孩子声音		
4	3s	隔着椅子的前景平拍	中景	爷爷拿筷子喂宝宝，奶奶在后面做饭	无	无	哄孩子声音，宝宝声音		
5	1s	斜侧面拍	近景	爷爷面部表情	无	无	爷爷笑声		
6	3s	隔着前景平拍	中景	宝宝拍手，爷爷再次喂宝宝	无	筷子碰碗	宝宝笑声，爷爷说来，试下这种		
7	4s	隔着前景平拍	近景	筷子靠近宝宝嘴边	无	无	爷爷哄声		
8	1s	侧面拍	近景	爷爷歪头动作	无	无	爷爷继续哄的声音		
9	4s	平拍	近景	筷子再次靠近宝宝并撤回，宝宝微笑	轻柔的钢琴声	无	宝宝声音		
10	2s	侧面拍	特写	爷爷微笑	琴声继续	无	爷爷，哎了一声		
11	3s	平拍	近景	爷爷表情和收回筷子的动作	琴声继续	无	爷爷笑说，好吃吧，好味道啊		
12	2s	平拍	近景	宝宝看着爷爷拍手	琴声继续	无	爷爷笑声		
13	1s			黑场过渡	琴声继续	无			
14	1s	仰拍	全景	妈妈抱宝宝坐凳子，爸爸坐一边	琴声继续	无	妈妈讲上海话，说吃年夜饭喽	第一次学使用筷子	传承
15	3s	隔着爸爸的碗和手拍	近景	妈妈侧头对宝宝说话，宝宝点头	琴声继续	无	妈妈说，今天教你用筷子吃饭好吧		
16	1s	平拍	中景	宝宝拿起筷子，妈妈给拿下	琴声继续	碗筷碰撞声	妈妈说不能用勺子		
17	3s	平拍	近景	接上秒拿下勺子，妈妈继续教导	琴声继续	无	妈妈说，要用筷子		
18	3s	推镜头	中景至近景	宝宝尝试用筷子	琴声继续	无	宝宝说，我根本不会夹不起来		
19	4s	平拍	中景	妈妈演示，宝宝站着并坐下	琴声继续	筷子摩擦声	妈妈说，要这样用筷子		
20	1s	平拍	全景	宝宝手夹着筷子，爸爸妈妈在一边	琴声继续	无	宝宝说不好		

镜号	时间	镜头	景别	内　容	音乐	音响	人　声	主题	备注
21	1s	平拍	中景	妈妈拍拍宝宝头	琴声继续	无	无		
22	4s	平拍	近景	接妈妈拍头，正面宝宝哭	琴声继续	无	妈妈说试试看，宝宝说，我根本夹不起来		
23	3s	侧面拍	近景	宝宝用手擦泪	琴声继续	无	宝宝说夹不起来，怎么办，妈妈说试试看		
24	2s	俯拍	特写	妈妈抓着宝宝的手拿筷子	琴声继续	无	妈妈说再试试看，没关系的		
25	3s	平拍	近景	宝宝擦泪	琴声继续	无	妈妈说我们是中国人，中国人就要用筷子的		
26	2s	平摇	特写	妈妈抓着宝宝的手夹起一块肉并移向碗边	琴声继续	无	妈妈说夹住了吧，好棒		
27	1s	平摇	近景	妈妈向后靠	琴声继续	无	妈妈欢呼		
28	2s	平拍	近景	宝宝站立	琴声继续	无	妈妈问开心吗		
29	2s	平拍	中景	宝宝吃肉，妈妈侧头寻问	琴声继续	无	妈妈说好，你吃吧，是不是用筷子很简单啊		
30	4s	侧面拍	近景	宝宝点头并咀嚼	琴声继续	咀嚼声	无		
31	1s			黑场过渡	第一段声音停	无	无		
32	2s	侧面拍	全景	福建房屋场景	更换悠扬的提琴声	无	无	中国人与长辈同桌时需要长辈先动第一筷	明礼
33	1s	平拍	全景	院子里女人准备饭菜	琴声继续	无	嘈杂的说话声		
34	2s	平拍	特写	洗筷子	琴声继续	水声、筷子声			
35	1s	仰拍	全景	院子里大人看着小孩放烟花	琴声继续	无	小孩子声音		
36	1s	背面拍	小全景	一个男人拖着鞭炮	琴声继续	鞭炮声	无		
37	1s	俯拍	大全景	许多人围观放鞭炮	琴声继续	鞭炮声	无		
38	1s	平拍	近景	鞭炮炸裂	琴声继续	鞭炮声	无		
39	1s	仰拍	全景	鞭炮在门口燃放	琴声继续	鞭炮声	无		
40	1s	侧面拍	近景	一个小孩从桌边跑过	琴声继续	无	无		
41	1s	俯拍	全景	小孩跑进屋里的桌子	琴声继续	无	无		
42	2s	推镜头	中景至近景	小孩拿起筷子伸向菜被父亲按住	琴声继续	无	无		
43	1s	俯拍	特写	父亲按着孩子的手	琴声继续	碗筷碰撞声	爸爸说让爷爷先吃		
44	1s	斜侧拍	近景	孩子抬头看向爷爷	琴声继续	无	无		

续表

镜号	时间	镜头	景别	内 容	音乐	音响	人 声	主题	备注
45	2s	斜侧拍	近景	爷爷向大家说话	琴声继续	无	爷爷说祝大家万事如意		
46	2s	背面拍	中景	众人举杯	琴声继续	无	众人说过年喽		
47	3s	摇镜头	近景	从孩子手到脸	琴声继续	无	无		
48	1s	平拍	全景	众人将手伸向菜	琴声继续	无	无		
49	1s	俯拍	近景	筷子落向菜	琴声继续	无	无		
50	3s	平拍	近景	孩子将菜放进嘴里	琴声继续	无	无		
51	1s			黑场过渡	琴声继续	无	无		
52	1s	平拍	全景	覆盖着白雪、冒着炊烟的房顶	琴声继续	无	无	长大离家后，母亲仍旧记得你爱吃的	关爱
53	1s	背面拍	全景	年轻人行走在雪地上	琴声继续	走在雪地上的声音	无		
54	1s	平拍	近景	年轻人的样貌	琴声继续	走在雪地上的声音	无		
55	1s	仰拍	全景	年轻人和一个推车的人打招呼	琴声继续	无	推车人说回来啦		
56	1s	平拍	近景	年轻人进门	琴声继续	无	年轻人叫妈		
57	2s	隔着玻璃平拍	近景	妈妈从屋里露头	琴声继续	无	年轻人说妈，我回来了		
58	2s	摇镜头	近景	年轻人走去与母亲拥抱	琴声继续	无	年轻人说，三年没见，想死你了		
59	2s	背面拍	近景	两人相拥	琴声继续	无	无		
60	4s	侧面拍	近景	给母亲擦泪，相望	琴声继续	无	母亲说这次回来多住几天		
61	2s	平拍	近景	烟囱冒烟	琴声继续	无	无		
62	1s	隔着窗户拍	全景	母亲做饭	琴声继续	无	无		
63	1s	平拍	特写	筷子	琴声继续	无	无		
64	1s	俯拍	特写	搅鸡蛋	琴声继续	无	无		
65	1s	俯拍	特写	炸鱼	琴声继续	无	无		
66	1s	俯拍	特写	夹菜	琴声继续	无	无		
67	3s	平拍	中景	母亲做饭，儿子一边吃	琴声继续	无	母亲说早知道你爱吃这个		
68	3s	侧面拍	近景	两人低头看菜	琴声继续	无	无		
69	1s			黑场过渡	第二段音乐停	无	无		
70	3s	平拍	全景	街景	无	锣鼓鞭炮声	无	祭奠已逝家人时选择多摆一副碗筷	思念
71	1s	平拍	中景	华裔在窗边看窗外	无	无	无		
72	1s	仰拍	全景	屋内华裔站窗边	无	无	无		
73	1s	侧面拍	特写	翻动相册	舒缓钢琴声响起	无	无		

续表

镜号	时间	镜头	景别	内　容	音乐	音响	人　声	主题	备注
74	1s	平拍	全景	华裔在沙发上翻相册	琴声继续	无	华裔用英语说好		
75	2s	平拍	全景	华裔在打电话	琴声继续	无	接之前说晚上见		
76	1s	平拍	近景	华裔仰头动作	琴声继续	无	说拜拜		
77	1s	平拍	特写	挂电话	琴声继续	插电话声	无		
78	1s	平拍	全景	华裔走路	琴声继续	无	无		
79	1s	斜侧拍	特写	上香	琴声继续	无	无		
80	1s	斜侧拍	特写	摆筷子	琴声继续	筷子声	无		
81	5s	斜侧拍	特写	华裔面部表情	琴声继续	无	华裔用中文说，爸妈过年了		
82	4s	正侧拍	中景	鞠躬	琴声继续	无	接着说，给你们拜年了		

五、课题训练

本题训练通过图像合成设计出一幅具有科技感的图像，巩固所学知识。主要制作过程：选择两张合适的图像→两张图像在色彩平衡上进行调整→使用 PS 中魔棒、多边形套索等工具抠图→合并优化图像（图 4-5）。

图 4-5　图像合成实操

第二节　数字图像编辑在视觉传达设计中的应用

进入 21 世纪，随着各类高新技术的迅速发展，特别是计算机技术和网络技术的普及运用，社会完全进入信息化时代，人们更加依赖现代科技，这一点体现在社会生活的方方面面，比如智能家居、线上办公等。因此顺应时代需求，视觉传达与现代科技进行结合是时代必然的选择，当代数字图像编辑技术适应当代设计师的使用习惯，并跟随技术更新而迭代，因其功能的多样性、先进性，极大缩短了设计师修改、制作的时间，为最终作品的呈现带来质的飞跃。

一、数字图像编辑在视觉传达设计中的广泛嵌入

1. 平面设计

平面设计是以文字、图片、颜色等"视觉元素"组合搭配构成画面，以传达某种特定内容，达成创作目的。常用的设计软件有 PS、CorelDRAW、AI 等，创作载体在各行各业中均有展示，常见的有书籍外包、网页展示、品牌标识等。并且由于时代进步，平面设计不仅仅局限于二维空间，而是融入了"动态"元素向三维空间发展。动态平面设计对于现在的时代背景来说，是社会更迭的结果。

（1）字体设计。文字作为平面设计三要素之一，其地位与图片、色彩同等重要。文字起源于图画，主要承担记事的责任，以满足日常人们交流的需要。在不断发展更替后，文字被设计师依照设计规则对其进行剪裁、拼贴、变形，以达到某种提升美感的视觉效果。

在现代平面设计中，标志、海报、包装等各类设计中都包含文字设计，其也根据属性不同而一字千面地展现形象。在现代数字图像编辑技术中，为了能更好地拆分、重组文字，可以编辑矢量图的设计软件被研发出来，较为常用的有 AI、CorelDRAW 等。在日新月异的社会背景下，字体设计不仅仅是单一、静态的，而且会赋予其不同的肌理质感，或者是动态效果（图 4-6）。

图 4-6　字体设计

（2）标识设计。在标识（LOGO）设计中，大致可分为图形、文字或图文相结合，但无论是哪种形式，都应当保证标识具有识别性、特异性，既能在看到的瞬间突出品牌独特性，也能快速传达品牌内涵，数字图像编辑技术极大地方便设计师将所需的元素与标识进行融合，缩短设计时长，提高效率。

如图 4-7 所示是苏州城市学院设计与艺术学院标识的设计。设计师认为标识是一个视觉记忆符号，必须具有高识别度。因此，设计师将传统书法体进行文字图形化处理，同时融入江南水乡地形特点形成图形主体，并采用光的三原色作为基础色，以彰显院徽"识别性、地域性、时代性"的特征，体现了艺术专业性和文化传承度的有效融合。标识类图形编辑软件基本设定都为矢量图，极大限度地防止商标在适用不同载体的过程中存在图像不清晰的问题。本案例中，标识可以适用各类产品设计或作为视觉元素出现。

(a)　　　　　　　　　　　　　　　　　(b)

图 4-7　苏州城市学院设计与艺术学院标识的设计（图片来源：李忠）

标识一般在设计当中不会带有太多动态元素，但随着现代人审美的变化，很多新颖的元素也融入标识设计中，如图 4-8 所示的 2020 年奥运会竞技图标就设计了动态版本，相对于静态图标的刻板、单一，动态图标显得生动有趣。

(a)　　　　　　　　　　　　　　　　　(b)

图 4-8　2020 年奥运会竞技图标的动态版一览

（3）海报设计。海报存在于生活的方方面面，是大众化宣传工具。海报设计是对图像、文字、色彩、版面等元素进行创意性的结合，是一种用以传达信息的艺术。从其本身的发展轨迹来说，它从最开始便是一种依托于计算机的产生并随之发展而来的艺术形式，所以数字图像编辑技术对于海报设计来说，是至关重要的工具，很大程度上决定了最终成品的呈现效果。

海报的类型依据其使用的元素不同，大体可以分为国潮风、孟菲斯风、拼贴风、扁平插画风、波普风等。如图 4-9 所示为扁平插画风海报的一种，可使用 AI、PS 等图像编辑软件设计完成。

图 4-9　海报设计（图片来源：李忠）

在数字图像编辑技术的加持下，各类风格的海报已经不能满足大众对于新颖事物的追求，所以近些年动态海报逐渐兴起，与传统静态海报相比，动态海报可以带来多维度的体验感受，其实也可以将动态海报称作动态图像。

2.动态图像设计

马斯洛需求理论中曾提到，如果人们的某种需求得到满足之后就会寻找另一种需求。随着数字媒体的高速发展，平面静态的视觉传达设计作品已经不能满足现代社会的审美需求，受众更加追求强烈的视觉冲击以及新鲜感，相比较静态的平面设计，生动有趣的动态图像更能够吸引注意力，也为目前视觉传达设计开拓新方向。

（1）动态图像定义与发展。动态图像，依据名称就可以理解为会动的图像，英文为"motion graphics"。主要是以文字、图像等为基础设计元素，以动态设计为手段，让其能够表达某一特定内容（图 4-10）。

(a)　　　　　　　　　　(b)　　　　　　　　　　(c)

图 4-10　动态图像表达

　　动态图像发展的时间只有几十年，其最先在国外被广泛应用在电影领域中，比如在片头展示影视公司自身标识，片尾展示参演工作人员等。随着信息技术的普遍使用，动态图像逐渐被使用至网页、客户端等交互界面中，比如手机屏幕的动态锁屏，或者点击APP时会出现的抖动动画，都让交互变得生动有趣，是近代数字图像在视觉传达设计中较为新颖的应用，目前仍有许多待挖掘与拓展的空间。

　　（2）动态图像设计要素。其实动态图像与静态图像从设计要素本质上来说没有区别，都是遵循平面设计三大要素，即文字、图形、色彩。只是相对于静态图像来说，动态图像在设计时加入空间、时间、动态等要素。从心理学角度来说，人在观察运动的画面时，只会产生一个视觉焦点，其他的画面会自动虚焦，这也是动态图像比静态图像更能吸睛的原因之一。

　　首先是空间要素，即动态图像突破了二维图像的局限性，增加了空间的维度。这种带有纵深感的空间维度，可以让受众从中捕捉新颖的视觉感受。其次是时间要素，可以理解为动态图像是由几张、十几张、上百张静态图像接连组成的，连接这些静态图像的方式就是时间。这种时间的运用方式通常有两种：第一种为无限循环，即构成动态图像的第一张静态图像（开始帧）与最后一张静态图像（结束帧）相连，并且开始帧与结束帧之间需要有相同的画面连接，给人一种永无止境循环的视觉感受（图4-11）；第二种为单向流逝，即开始帧和结束帧不需要有相同画面相连，开始和结束点之间会有明显的停顿感（图4-12）。

图4-11　无限循环动态图像（图片来源：麦拉风任职作品，作者自制）

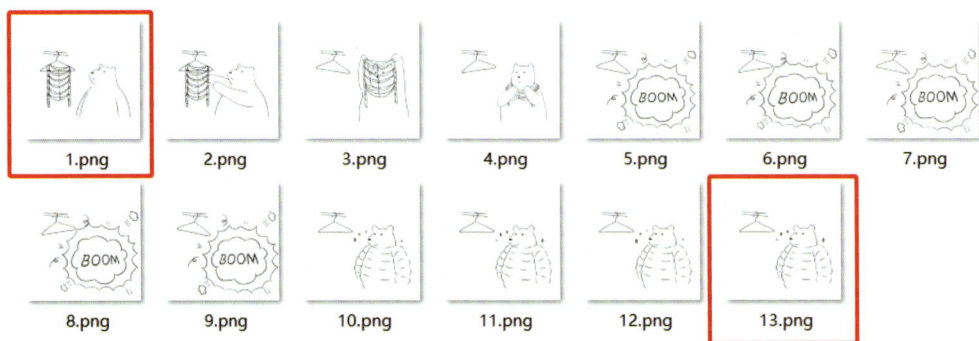

图 4-12　单向流逝动态图像（图片来源：麦拉风任职作品，作者自制）

（3）GIF 动画制作过程。第一步，将选定的素材导入 PS（图 4-13）。

图 4-13　导入素材

第二步，在菜单栏选择"窗口"，然后在窗口栏目中选择"时间轴"（图 4-14）。

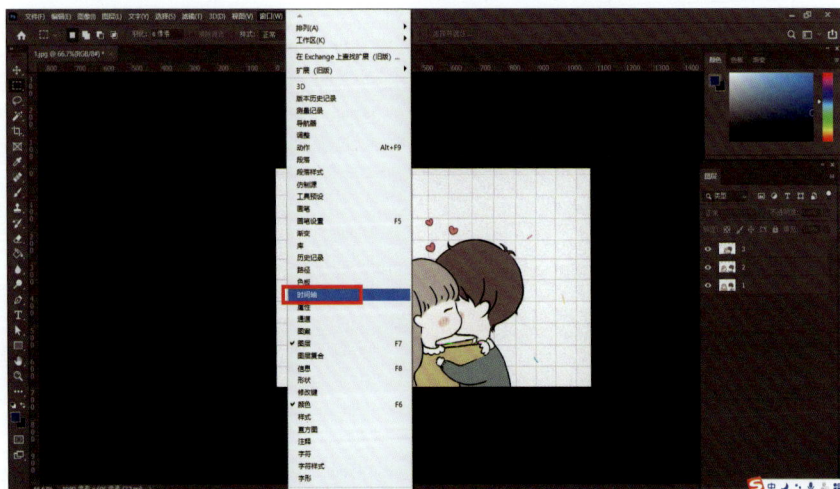

图 4-14　选择时间轴

第三步，在下方出现的"时间轴"中选择"创建帧动画"（图 4-15）。

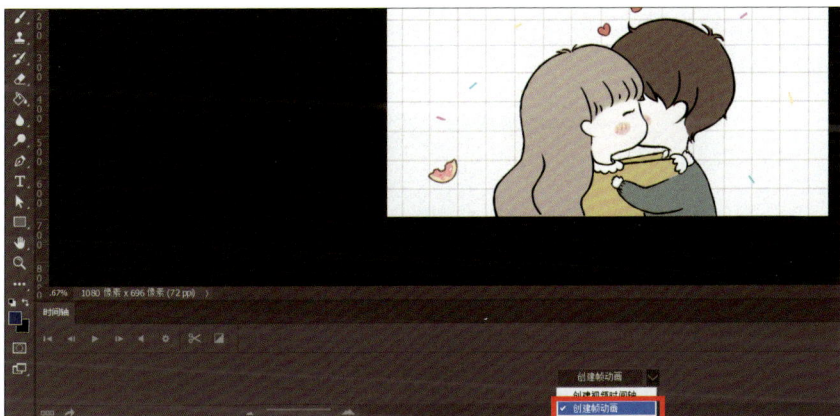

图 4-15　创建帧动画

第四步，打开帧动画工具栏后，选择右上角的四条小杠图标（图 4-16）。

图 4-16　选择图标

第五步，从弹出的菜单栏中选择"从图层建立帧"，这样图层就会从一帧变成三帧。如果想在其中增加"帧"，则选择最下方加号键即可（图 4-17）。

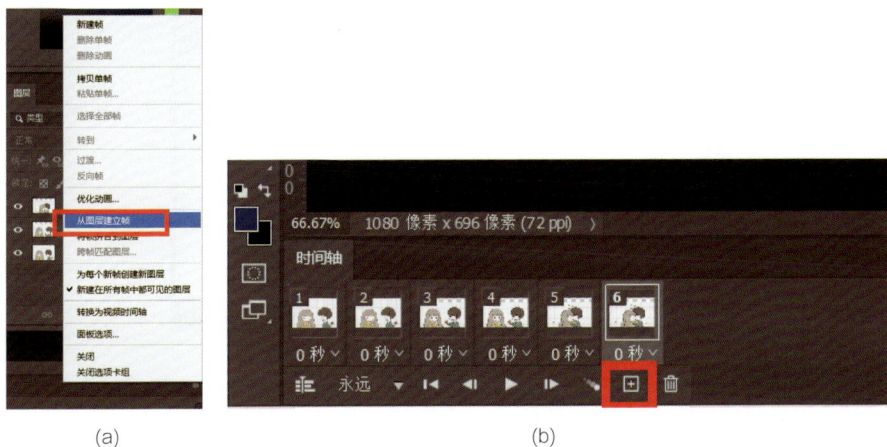

(a)　　　　　　　　　　　　(b)

图 4-17　从图层建立帧与增加帧画面

第六步，每一帧画面下面都可以设定其停留的时间，调整不同帧画面停留的时间，可以让动态图像最终呈现流畅而自然的画面效果（图 4-18）。点击下方播放键，可以观看动态图像的播放效果。

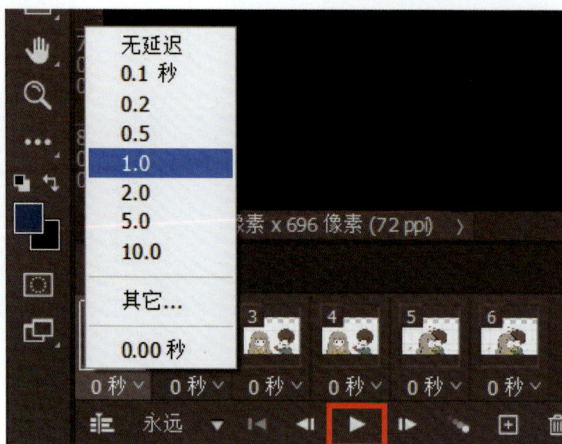

图 4-18　调整时间

第七步，在菜单栏选择"文件""导出""存储为 Web 所用格式"（图 4-19）。

图 4-19　导出动态图像

GIF 不需要非常大的格式，如图 4-20 所示，可将"颜色"与"百分比"参数调小至 128 和 30。

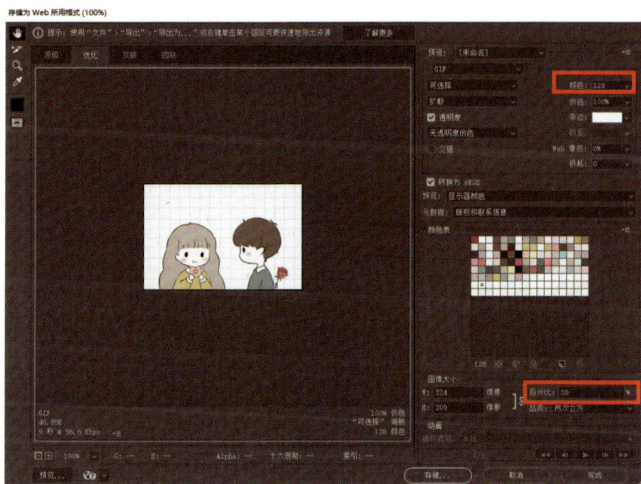

图 4-20 调整导出参数

最终，导出 GIF 格式的图像，即动态图像（图 4-21）。

动态图像.gif

图 4-21 GIF 动图效果

二、数字图像驱动视觉传达设计新思路

1. 概念

信息化时代的到来让视觉传达设计得到了飞速发展，不只局限于二维平面的单一、静态，开始向三维空间的多元、动态、立体发展。从技术的变革来说，各类数字图像编辑软件的出现，给视觉传达设计带来了更多的可能性，不仅让传播速度与效率都因此得到了极大的提升，而且给受众带来了新奇的视觉感受。

从本质来说，现在的社会处于一个信息媒体飞速传播的时代，视觉传达设计存在于社会生活的各种角落中。如何在海量信息碎片式的传播速度中抓住受众眼球，并不抛弃视觉传达的本质，即将商业与设计相连，用艺术的表达形式架构人与人之间的沟通桥梁，用以传输某种特定目的，是现代从事视觉传达设计的设计师需要思考的问题。

2.特征

（1）多元化。传统视觉传达设计因时代、技术的限制，只能存在于报纸、书籍等特定的传播媒介，但是进入21世纪，无线网络全覆盖，手机、计算机、iPad等电子设备更新换代，再复杂的内容都能通过网络进行迅速传播（图4-22）。视觉传达设计为了适应这个时代，必须不断扩大设计范围，自此设计形式的转变让作品开始多元化发展。

(a)   (b)

图 4-22　各种电子设备

因受众的审美、生活习惯、行为逻辑发生改变，传统的形式与传播方式已无法匹配时代需求。从人类最本质获取外界信息的方式来说，视觉、嗅觉、听觉、触觉等要求都需要被满足，从传统的设计表达来看仅仅局限于视觉，但是现在依托技术支持，设计师可以考虑多感官交互，将作品与声音、动画、光影等多维度的元素进行融合，让受众收获沉浸式体验，极大限度加速对新信息的接受和理解。这种GIF格式的动态海报突破了视觉传达局限于传统二维的思路，在平面上创造丰富的视觉流动，向受众传达不一样的艺术表达（图4-23）。

(a)   (b)   (c)

图 4-23　动态海报

　　传统的视觉传达设计取材范围局限，以致设计作品最终呈现同质化的视觉感受，而在现代科技手段的加持之下，各类素材取用丰富，比如新闻热点、娱乐话题等，都可以从中寻找灵感。并且由于设计软件的功能迭代，设计师可以呈现作品的方式变得多种多样，带来多元化的视觉感受。

　　由此可见，多元化是未来视觉传达发展的必然趋势，即使从当下时代看来，受众因年龄层次、文化程度、个人审美不同，欣赏的美也不尽相同，设计师需要从多维度、多方面去丰富设计内容，以满足不容受众的需求。

　　（2）互动性。信息时代的背景之下，生活中所有的设备都在考虑"人性化"设计，比如家电设备从最初的单一操作，到如今的人机器对话，极大限度地向便利转变。数字领域层出不穷的技术更新，给视觉传达设计带来多种可能性，让其可以实现艺术与科技的高度融合，人与虚拟的近距离互动。

　　各类核心技术，如 VR 技术、AR 技术等，都可以拉近人与虚拟之间的关系，设计师可以很好地利用这一点，由此改变作品的设计方式，让受众通过每日接触的电子产品，与作品产生情感、行为上的沟通，提升个性化服务和情感体验，增强人与作品之间的互动性，丰富多样化的视觉形态（图4-24）。设计师也可以通过这种互动，不断从中发现问题，从而改进设计表达，呈现更加符合审美与使用习惯的作品。

图 4-24　VR 技术和 AR 技术应用场景演示

　　视觉传达的最终目的是传达某种特定信息，动态的视觉感受往往比固定的形式更能吸引受众的眼球，引导人们主动接收信息，从而让信息传播得更为高效、深刻。

　　（3）创新性。视觉传达设计总体来说是一个走在时代前沿的领域，在高新技术产业的支持下，相关标准和门槛也越来越高，通过合理地运用数字图像编辑技术让整合行业不断发展，成为当代新兴产业。

　　现阶段很多设计师都会通过互联网来获取设计灵感，不可否认，互联网对于信息的高速传播确实给视觉传达设计带来了便捷，但就像硬币正反两面，这也导致了大多数设计作品容易被大数据局限，学习被数据筛选后的优秀作品，风格、主体、表达就容易向其靠近，出现千篇一律的风格。

如何突破传统的设计思路，寻求更多新颖表达的同时还要保证差异化，成为现当代设计师必须面对的课题。比如 2022 年北京冬奥会时，设计师在大熊猫形象的基础上，将其与冰雪元素做出完美结合，创造了吉祥物"冰墩墩"，并使用高新技术手段，让其能够在虚拟空间与观众产生互动。瞬间，冰墩墩征服了海内外广大人群，出现"一墩难求"的盛景（图 4-25）。

(a)　　　　　　　　　　　　　　　　　(b)

图 4-25　冰墩墩手稿及成品

在实际操作中，设计师进行某一特定主体作品的设计时，所涉及的专业知识是非常庞大且复杂的，因此，如何短时间从海量基础信息中筛选设计元素，并在其中开拓创新，才能够保证最终的作品能够符合受众审美，有较好的传播范围。

三、壁画的数字视觉设计再造与应用探索

壁画是一个重要的历史文化载体，拥有非常珍贵的研究价值，在一定程度上代表了历史某一时段的文化、习俗、艺术，但是壁画因为其载体的问题，暴露在大自然的风吹日晒之下，不可避免地有各种各样的损伤，如今能够看见的壁画其颜色远不如当初鲜艳夺目。保护壁画文化，即保护珍贵的历史文化遗产，是当前诸多学者在前仆后继努力奋斗的事业。

运用数字化修复艺术作品是近些年在文物修复中常常使用的方法，因文物本体存在缺失、变形等许多无法在原基础上修复的情况，便会对残缺的文物进行非接触性的扫描监测，得到的数据会成为后期数字化建模的基础。在收集较为全面的数据后，就可以运用计算机对其进行复原性建模，即在虚拟空间里对文物进行拼接、组合，让文物恢复原本的光彩。这一操作极大地提高了文物修复的效率，也保护文物本身免受二次伤害。此技术同样在壁画保护与数字化建设中做出创新性贡献。

1. 扫描与修复

国际上对于壁画的修复可追溯至 1967 年，当时美国的国家公园管理局使用计算机技术记录国家公园的遗产，到后期这些文化遗产数据已经可以支持线上访问了。

这个操作不仅极大限度地保护和传承了文化，也提高了文化的传播性。

随着计算机科学的发展和应用领域的不断扩大，数字技术成为文化遗产在传播过程中的关键。其中最经典的案例是意大利佛罗伦萨的乌菲兹美术馆使用高分辨率的数字扫描技术，对《圣母子与安妮》壁画进行了详细的扫描，并进行数字化重建（图4-26）。技术人员以原始壁画作品的画风为蓝本，在计算机中对这幅壁画的残缺剥脱的部分进行修复、还原，以此确保修复的部分能够与原作保持一致的风格和特点。

图4-26 修复后的壁画《圣母子与安妮》

在国内，20世纪90年代，敦煌研究院原院长樊锦诗首次提出"数字敦煌"的概念，即使用数字图像技术结合虚拟漫游技术，扫描莫高窟精美的壁画，让其能以电子版本永久被保留。1998年"数字化敦煌壁画合作研究"项目正式展开，技术人员着手对敦煌壁画开始扫描重建，直到18年后，"数字敦煌"资源库上线发布了30个经典洞窟高清数字图像以及全景漫游（图4-27）。至此，受众可以足不出户，线上感受莫高窟的文化魅力。

图4-27 数字敦煌

至今，除了使用数字图像技术用于保护莫高窟本身的壁画文化外，也可以看到各类学者对于莫高窟壁画文化的二次创作。承载于互联网的便利，莫高窟壁画文化以年轻受众更喜爱的方式，源源不断地向海内外输出。

2. 再造与应用

中国壁画文明丰富多彩，其中以四大名窟最为出名。敦煌莫高窟是世界上最大的佛教艺术宝藏之一，有735个洞穴，横跨前秦至元代近一千多年的历史，包含将近5万平方米的壁画和2.5万件彩塑。但是也正因为年代久远，壁画文明在自然灾害和战争中受到的损坏是大面积的，这无疑是中国传统文化的一项巨大损失。

"数字敦煌"项目启动后，数字化敦煌壁画图像在互联网上大放光彩，极大地扩展了传播途径。在线下官方同样推出敦煌数字展厅，供游客沉浸式体验。还有移动端的"移动莫高窟"，扫码即可全程移动导览，极大限度地丰富了游玩体验。

"数字敦煌"线上抓住新媒体热度，趁热打铁地推出《和光敦煌》《敦煌岁月》等栏目，与各大热点项目进行合作，如《王者荣耀》游戏中的飞天皮肤（图4-28），QQ音乐的"古乐重声"等。

图4-28 《王者荣耀》游戏中的飞天皮肤

敦煌壁画与现代科技融合是时代筛选的结果，二维、三维、图像、声音等数字高新技术在文化领域运用得越来越广泛，往往可让文化在市场兴起，带来极大的传播力和经济效益。不可否认的是，数字图像编辑技术确实让敦煌壁画得到永久保存，也让石壁上的飞天画像走出石窟，走进社会生活的方方面面，让许多传统文化爱好者在线上就可享受文化遗产的魅力。

四、课题训练

敦煌飞天动态海报制作如图4-29所示。

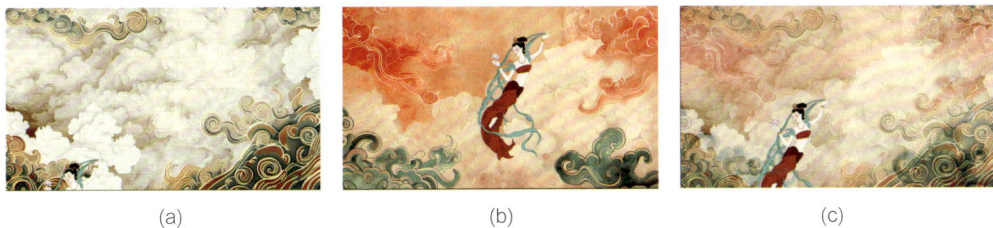

(a)　　　　　　　　　　　　(b)　　　　　　　　　　　　(c)

图 4-29　敦煌飞天动态海报制作

首先，打开存储图片的文件夹，依次拖入"背景 1""背景 2""飞天神女"三个素材（图 4-30）。

图 4-30　"背景 1""背景 2""飞天神女"

第二步，在菜单栏选择"窗口"，在窗口展开的页面中选择"时间轴"（图 4-31）。

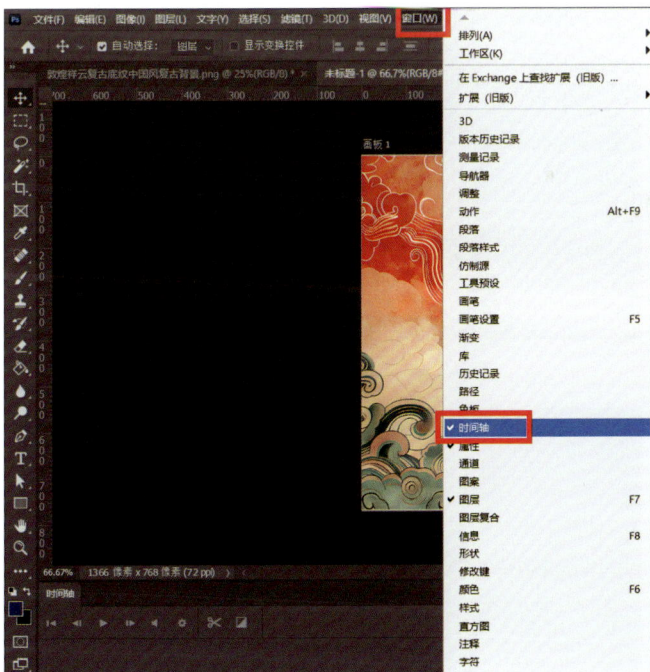

图 4-31　"窗口"-"时间轴"

第三步，在 PS 页面下方出现的时间轴操作页面中选择"创建视频时间轴"（图 4-32）。

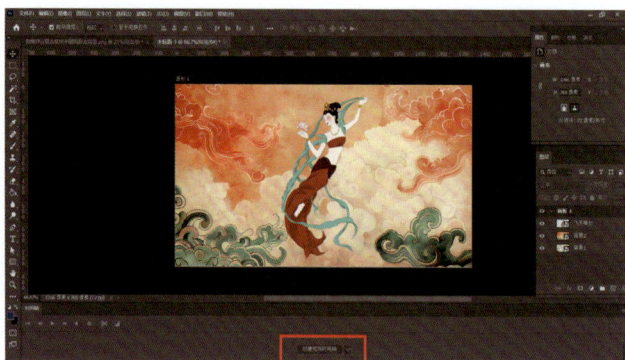

图 4-32　创建视频时间轴

　　第四步，选择"飞天神女"的图层，在"变化"一栏增加"关键帧"，同时将素材拖拽至左下角画面外。而后拖动时间指针至 2 分 30 秒的位置，再添加关键帧，并将素材拖拽至画面正中央（图 4-33）。

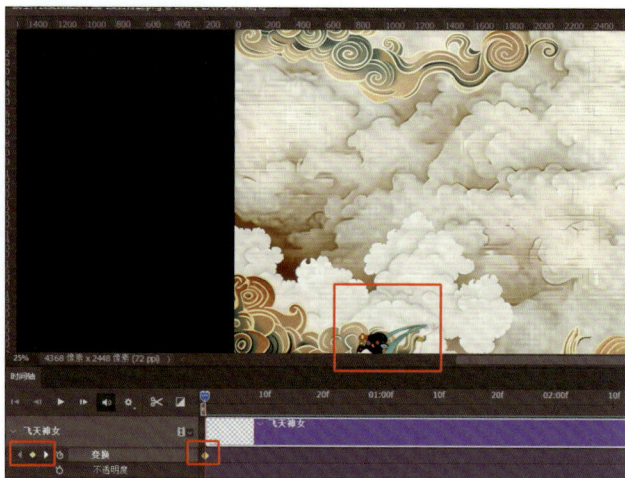

(a)

(b)

图 4-33　人物图层编辑

第五步，选中"背景1"图层，在其不透明操作栏增加关键帧，同时将不透明度改为"0"。而后拖动时间指针至 2 分 30 秒的位置，再添加关键帧，并将不透明度改为"100"（图 4-34）。

(a)

(b)

图 4-34 背景图层编辑

第六步，点击播放键，观看整体动态是否舒适，再根据播放效果进行微调（图 4-35）。

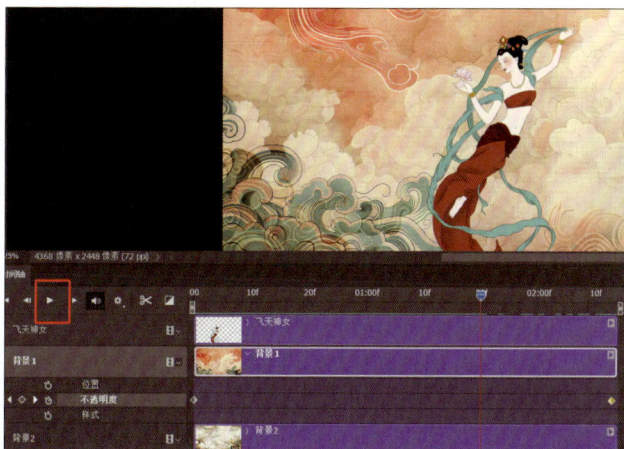

图 4-35 播放键

第七步，点击"文件""导出""存储为 Web 所用格式"，然后注意导出的"颜色"和"百分比"数值设置，这两类数值不需要太高（图 4-36）。

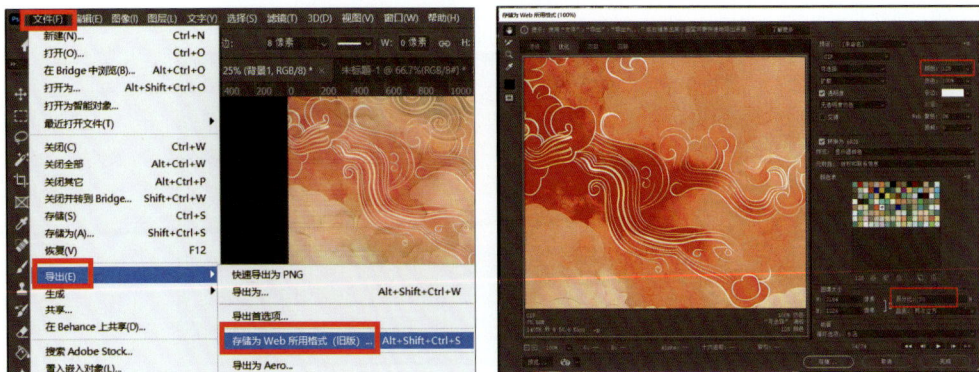

(a)   (b)

图 4-36 GIF 导出设置

最终导出 GIF 动态海报（图 4-37）。

图 4-37 敦煌飞天动态海报

第三节 数字图像编辑在产品设计中的应用

一、产品设计中数字图像编辑的多元运用

1. 产品界面交互设计

产品界面交互设计是一门关注用户与产品之间互动体验的学科和实践领域，是产品设计中至关重要的一环，它直接影响着用户体验和产品的实用性。通过数字图像编辑技术，设计师可以创建各种直观、易用、高效且令人愉悦的用户体验。良好的交互设计能提升产品的吸引力和竞争力，提高用户满意度和增强用户黏性。

2.产品界面交互设计的应用案例

（1）Shadowplay Clock。2015 年奥地利工作室 Breaded Escalope 推出了一款皮影时钟：Shadowplay Clock。其安装在墙壁上，平时可当壁灯使用，若想看时间，手指往灯上一戳，便可显示时间。

Shadowplay Clock 由一个胶合板圆框和照进其中心的 LED 组成。当手指戳在时钟中间时，传感器感应到手指的同时，其他的 LED 灯都会关闭，只剩下三颗 LED 灯，使手指形成阴影，阴影分别代表小时、分钟、秒数（图 4-38）。

图 4-38　Shadowplay Clock

（2）小爱音箱。小爱音箱是一款智能音箱产品，它采用先进的数字图像编辑技术，为用户提供了高度个性化的交互体验（图 4-39）。

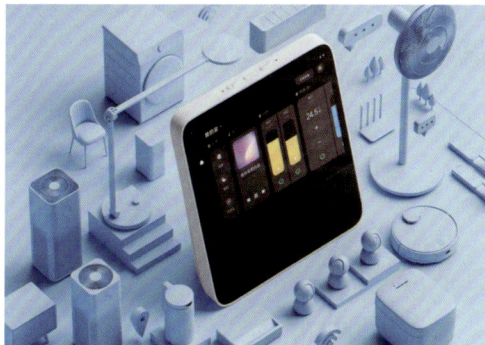

图 4-39　小爱音箱

2025 年 2 月 27 日，小米集团率先发布旗下首款超级小爱音箱，为智能音箱领域注入新活力。同年 5 月 22 日，在小米 15 Ultra&SU7 Ultra 发布会上，重磅推出智能音箱 Pro。该音箱搭载升级的"超级小爱"人工智能语音助手，基于先进语言模型，不仅能实现自然流畅的多轮对话、精准保留对话上下文，还支持动态语义继承，可高效处理复杂查询并提供行程规划、文本生成等实用服务。硬件层面，其配备 2.5in（1in≈2.54cm）全频扬声器单元与双无源辐射器，带来 12W 功率的均衡音质，动态光带还能随音乐节奏闪烁；功能上依托澎湃 OS 系统，可一站式控制全屋小米智能设备、红外遥控传统家电，兼容蓝牙5.0与双频Wi-Fi，Type-C接口与实体按键设计更添使用便捷性。小爱音箱具备以下三大功能。

①语音控制功能。用户可以通过语音指令控制音箱播放音乐、调节音量等。H5交互设计可以在界面上呈现出语音波形，并伴随声音频率的变化而动态变化，让用户清晰地看到音箱是否正在识别语音指令（图4-40）。

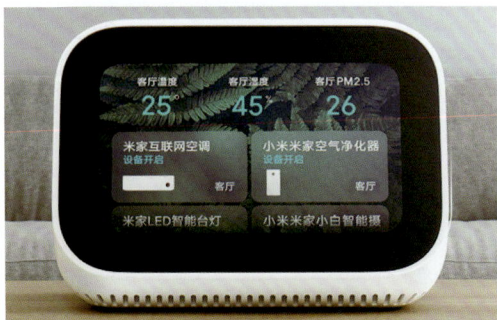

图4-40 小爱音箱语音控制功能

②音乐播放列表。用户可以在音响主界面上浏览和管理音乐播放列表，包括添加、删除和重新排列歌曲。H5交互设计可以通过动态效果，如滑动和拖拽，使用户可以轻松地重新排列播放列表中的歌曲顺序（图4-41）。

图4-41 小爱音箱音乐播放列表

③智能推荐功能。音箱可以根据用户的喜好推荐音乐或电台。H5交互设计可以在界面上显示出个性化的推荐内容，同时提供用户反馈选项，以不断优化推荐算法。

通过数字图像编辑技术和H5交互设计，小爱音箱在产品设计中实现了与用户更加亲密的互动，为用户带来全新的音乐体验。

3. 其他应用

（1）产品外观设计。可以通过数字图像编辑软件来绘制和修改产品的外形轮廓、色彩搭配、材质表现等，帮助设计师快速呈现和完善设计概念，更直观地展示给团队和客户。

（2）包装设计。用于设计产品的包装图案、文字排版、效果图制作等。能够轻松调整包装的视觉元素，以达到最佳的展示效果和吸引力。

（3）广告和宣传材料制作。编辑产品的图片用于制作广告海报、宣传册、网站图片等，突出产品的特点和优势，吸引消费者的关注。

（4）3D 模型渲染后的图像修饰。对 3D 模型渲染生成的图像进行进一步处理，如增强光影效果、调整色彩平衡、添加背景等，使产品的视觉表现更逼真、生动。

（5）用户界面（UI）和用户体验（UX）设计。编辑图标、界面元素的图像，确保与产品整体风格一致，提升用户对产品的交互体验。

（6）产品展示和演示。将产品图片进行编辑后用于线上及线下的展示和演示，例如制作虚拟展厅、动态演示等，让客户更好地了解产品。

（7）模拟不同场景效果。通过数字图像编辑可以将产品放置在各种虚拟场景中，以查看产品在不同环境下的表现，有助于设计决策和市场评估。

二、数字文化创意产品设计的实践应用

1. 数字文化创意产品设计概述

数字技术的发展为文化创意产品设计带来了新的可能性。通过数字化手段，对文化资源进行创意设计和开发，形成具有文化内涵和创新性的数字产品。设计师可以将传统的抽象静态文化转化为"可观、可闻、可触"的活态文化，为用户带来全新的体验和感受。

可观是指数字产品设计可以通过 VR、AR 等技术，使用户身临其境地感受文化场景。例如，利用 VR 技术，用户可以身临其境地走进历史名胜，感受文化遗产的魅力。

可闻是指音频技术的运用使得文化可以通过声音的形式传达给用户。例如，设计师可以利用音频导览，为用户讲述历史故事或文化背景，增强用户的参与感和体验感。

可触是指通过数字化手段，用户可以与文化进行互动，并且身临其境地感受其中的细节。例如，利用触摸屏技术，用户可以在数字产品上触摸、放大、旋转文物图像，感受其纹理和细节。

2.《大元帝师》数字交互文创产品

这是一个以蒙元宗教文化为主题的数字 AR 增强现实交互设计作品。通过新的交互体验模式和新媒介技术，展示了元代高僧的历史文化，促进了内蒙古文化产品的开发和文化旅游的创意（图 4-42~ 图 4-45）。

图 4-42 《大元帝师》AR 扫描截图（一）

图 4-43 《大元帝师》AR 扫描截图（二）

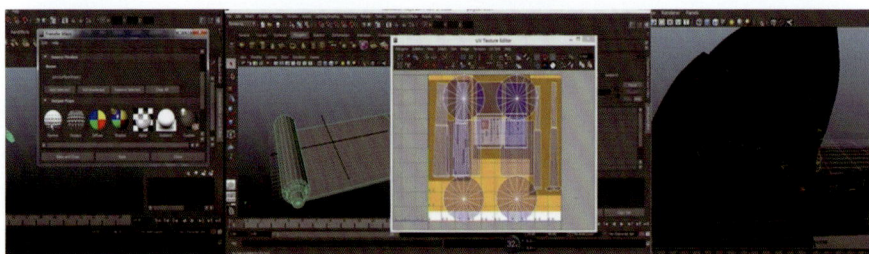

图 4-44 《大元帝师》MAYA 建模界面

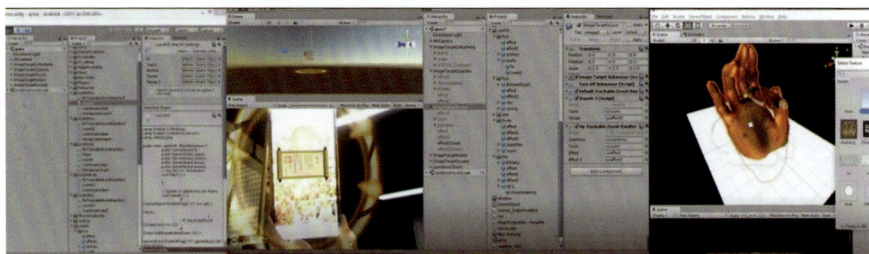

图 4-45 《大元帝师》UNITY 代码测试

3.《御题棉花图》

《御题棉花图》是对清朝乾隆年间的文物进行的数字化二次创作。该图共有16幅，系统地说明了从植棉到成布的全过程，同时列出每道工序的生产工艺及经验。设计师以创意数字化呈现了文物的文化背景及元素，该图是数字文化创意产品的一种形式，不仅具有科学价值，而且具有很高的艺术价值。

首批数字文创产品为《御题棉花图》前四幅，如图 4-46~ 图 4-49 所示。

图 4-46 《布种》

图 4-47 《灌溉》

图 4-48 《耘畦》

图 4-49 《摘尖》

三、课题训练

1. 数字图像编辑在产品设计中的应用介绍

（1）列举几个除了 Shadowplay Clock、小爱音箱之外，数字图像技术在科技产品应用中的案例。

（2）结合本章内容收集数字图像编辑在产品设计中的其他应用案例。

（3）分析数字图像编辑在产品设计中应用的共性与优势。

2. 数字文化创意产品设计

（1）简述数字文化创意产品设计应用技术的优势。

（2）找出五个数字文化创意产品设计作品，并分析包括哪些技术。

（3）尝试运用 AR 技术做一张简易的交互设计作品。

第四节　数字图像编辑在环境艺术中的应用

一、环境艺术实践中数字图像编辑的多元展现

数字图像编辑是指利用计算机软件对数字图像进行修改、处理和创作的技术。随着计算机技术的不断进步和数字图像编辑软件的不断更新，数字图像编辑已经成为当代艺术创作中的一种重要手段。数字图像编辑在环境艺术中的应用也已经变得日益广泛和深入，其强大的功能和灵活性为艺术家及设计师带来了极大的便利与可能性。以下是一些关于数字图像编辑在环境艺术中应用的介绍。

1. 数字图像编辑在环境艺术设计中的应用

（1）设计构思与可视化。在环境艺术设计的初期阶段，数字图像编辑软件如PS、SketchUp 等可以帮助艺术家和设计师快速构建及可视化他们的设计构思。这些软件提供了丰富的工具和功能，如绘图、建模、渲染等，使设计师能够直观地展示他们的设计理念和方案。

通过数字图像编辑，设计师可以轻松尝试不同的材质、色彩和光影效果，从而快速迭代和优化他们的设计（图 4-50 和图 4-51）。

（2）修改与优化。在设计过程中，数字图像编辑允许设计师对设计进行快速的修改和优化。无论是调整色彩平衡、增强光影效果，还是修改材质和纹理，都可以在短时间内完成，大大提高了设计效率。此外，数字图像编辑还可以帮助设计师解

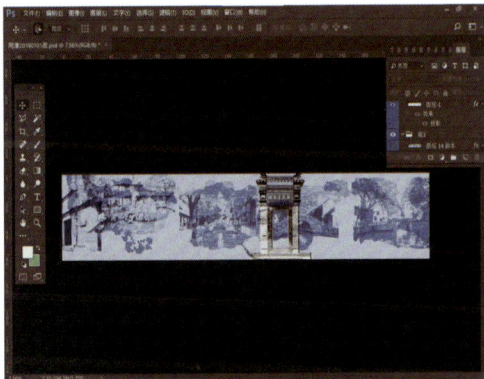

图 4-50 苏州地铁 4 号线站内的背景设计图
（李忠设计）

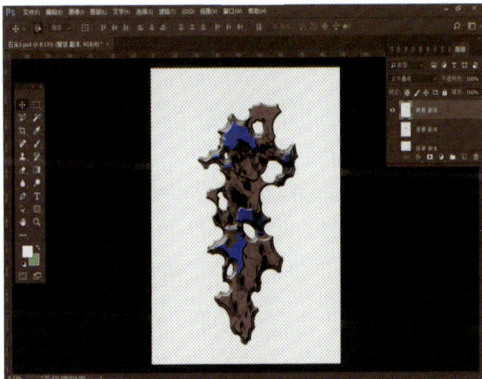

图 4-51 苏州地铁站内艺术墙设计图
（李忠设计）

决一些实际问题，如消除照片中的瑕疵、改善图像的清晰度和对比度等，使设计更加完美。

（3）文化遗产保护与传承。数字图像编辑在文化遗产保护与传承方面也发挥着重要作用。通过数字图像修复和增强技术，可以恢复和重现一些受损或模糊的历史建筑及艺术品，使它们得以保存和传承。此外，数字图像编辑还可以用于创建虚拟博物馆和展览，让更多的人能够欣赏到珍贵的文化遗产。

2.数字图像编辑在环境艺术设计中的应用

（1）环境规划与模拟。在环境规划和模拟方面，数字图像编辑也发挥着重要作用。通过创建三维模型和模拟场景，设计师可以预测和评估不同设计方案对环境的影响及效果。

这种技术有助于设计师在设计初期就考虑到环境因素，从而制定出更加可持续和环保的设计方案。

（2）城市规划与景观设计。数字图像编辑还可以用于城市规划和景观设计。通过创建城市模型和景观效果图，模拟和呈现城市的未来景观，包括建筑、道路、公园等，规划师和设计师可以直观地展示他们的规划理念和设计方案，以便更好地评估和指导城市规划及建设工作，从而与公众和相关利益方进行有效的沟通与交流。

①苏州奥体中心站艺术墙设计。以运动为主题的苏州奥体中心站艺术墙，采用代表奥运精神的五环元素为基础轮廓和结构，创意表现出水元素与圆弧结构轮廓，城市运动人物剪影与弧形奥运元素的融合。

该艺术墙的另一个突出创新亮点，是把奥运人物抽象剪影造型与环境有机结合，整体风格简约现代，有较强的整体连贯性，同时增加画面与空间的整体性（图 4-52~图 4-54）。

图 4-52　苏州奥体中心站艺术墙设计图（李忠设计）

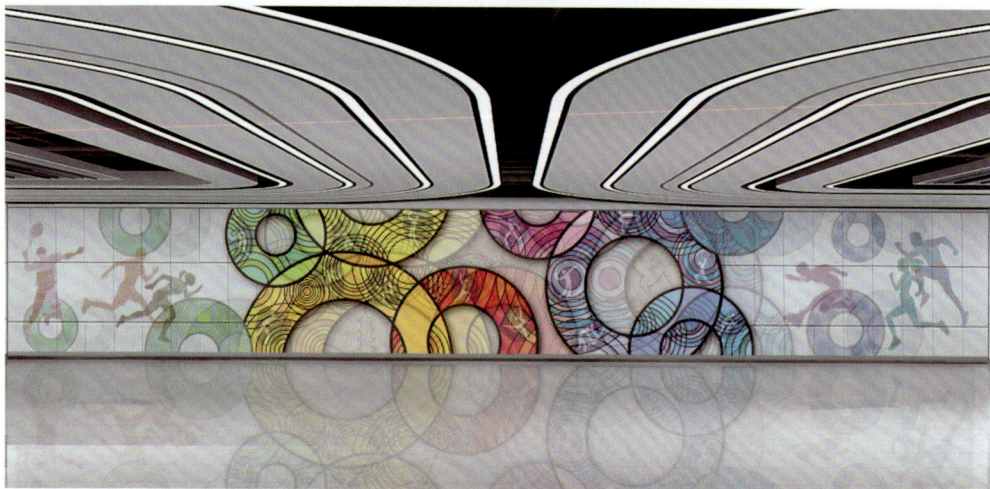

图 4-53　苏州奥体中心站艺术墙效果图（李忠设计）

图 4-54　苏州奥体中心站艺术墙实景图（李忠设计）

　　②黄天荡地铁站艺术墙设计。黄天荡地铁站邻近苏州国际科技园科技新天地，站内艺术墙规划空间又处于一个三角立体空间内，特殊的背景下交织出了以《科技之光》为主题的独特设计。

　　通过空间的整体设计，把空间有机分割成几个部分，运用园区科技发展的元素符号作为设计灵感，采用代表科技的蓝色为主色调，与变化的 LED 灯光配合，让观者感受到现代科技的力量（图 4-55~图 4-57）。

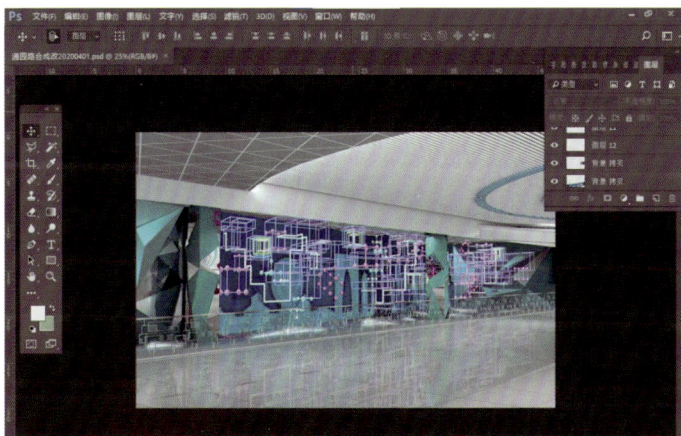

图 4-55　苏州黄天荡地铁站艺术墙设计合成图（李忠设计）

图 4-56　苏州黄天荡地铁站艺术墙实景图（一）（李忠设计）

(a)　　　　　　　　　　　　　　　　　(b)

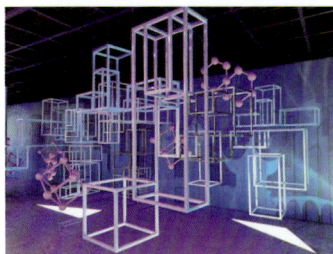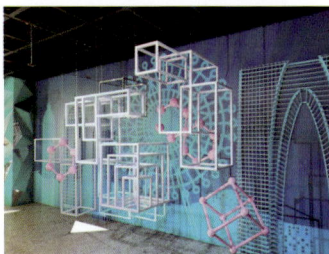

(c)　　　　　　　　　　　　　　　　　(d)

图 4-57　苏州黄天荡地铁站艺术墙实景图（二）（李忠设计）

③《湖光山色》文化墙设计。苏州地铁 5 号线太湖香山站位于太湖之滨，文化墙以《湖光山色》为主题，从太湖的芦苇和水中获得灵感，提炼元素，整体结构运用现代美感的抽象造型为基础，配以动感的曲线，突出太湖的意境美感。

材质上搭配异形浮雕玻璃工艺制成，具有独特的造型效果。更神奇的是艺术墙通过科技实现光色变换，展现出早晨、中午、傍晚时段的太湖波纹起伏的光影效果，配合独特的自然风光，延伸了时空的变化（图 4-58）。

(a)

(b)

(c)

图 4-58　《湖光山色》文化墙设计实景图（李忠设计）

3. 数字图像编辑在环境艺术教育中的应用

（1）教育与培训。数字图像编辑在环境艺术教育中也有着广泛的应用。通过教授数字图像编辑，使学生融会贯通于环境艺术设计中，可以帮助学生更好地理解和掌握环境艺术设计的原理和方法。此外，数字图像编辑还可以作为一种培训学生实践能力的有效工具，让学生在实践中不断学习，从而提高自身的能力。

（2）创意与启发。数字图像编辑还可以用于激发学生的创意和想象力。通过尝试不同的图像编辑效果和创作方式，学生可以充分挖掘自己的潜力和发掘新的设计灵感，并能够及时且直观地将想法呈现出来。

4. 数字图像编辑在环境艺术中的应用场景

（1）数字艺术装置。艺术家或设计师可以利用数字图像编辑软件设计和制作具有独特形态及视觉效果的艺术装置。这些装置可以是虚拟的，通过数字投影在现实环境中呈现，也可以是实体的，通过数字技术制造和加工，展现出奇特的形态和动态，如雕塑、壁画、装置艺术等，为城市的公共空间增添艺术氛围和文化内涵。

（2）环境投影映射。利用数字图像编辑，艺术家可以将图像、影像或动画投射到建筑物、景观或其他环境元素上，从而改变环境的外观和氛围。这种投影映射可以在特定的艺术活动、文化节庆或城市活动中使用，为参与者带来视觉上的惊喜和体验。

（3）虚拟现实与增强现实。随着 VR 和 AR 技术的快速发展，数字图像编辑在环境艺术中的应用也得到了进一步的拓展。通过将这些技术与数字图像编辑相结合，设计师可以创建出沉浸式的虚拟环境，让用户能够身临其境地体验他们的设计。数字图像编辑与 VR 的结合，使得艺术家能够创作出身临其境的虚拟环境作品。通过 VR 设备，观众可以沉浸在艺术家创作的数字环境中，与作品进行互动，体验到前所未有的感官和情感体验。这种技术不仅为设计师提供了更多的创作可能性，而且为用户带来了更加真实和生动的体验。

（4）数字艺术导览。在公共艺术空间或艺术展览中，数字图像编辑可以用于创建数字艺术导览系统。这种系统可以通过移动设备或 VR 眼镜向观众提供定位、导航和解说服务，帮助观众更好地理解和欣赏环境艺术作品。

5. 小结

如今数字图像编辑在环境艺术中的应用已经渗透到设计、规划、教育等多个方面，为艺术家和设计师提供了强大的支持和帮助。随着技术的不断发展和完善，数字图像编辑在环境艺术中的应用会更进一步，从而给艺术家提供更为丰富多样的创作可能性，同时也为观众带来更加新颖、有趣的艺术体验。相信数字图像编辑在环境艺术中的应用将会越来越广泛和深入。然而，我们也应该认识到数字图像编辑带来的挑战和问题，如数据安全和隐私保护等，需要在应用过程中加以关注和解决。

二、数字环境艺术设计的原则

数字环境艺术设计的原则通常包括以下几个方面。

（1）交互性原则。数字环境艺术作品应该具有交互性，能够与观众进行互动。这可以通过触摸屏、运动感应器、声音感应器等数字媒体技术实现，使观众能够完全沉浸在作品所营造的环境之中，通过声音、视觉、触感等多种感官的刺激，营造出丰富而深入的体验，增强参与感。

（2）功能性原则。设计应当满足空间的实际使用需求，确保空间的布局、设施和材料等都符合使用功能的要求。同时，设计还应考虑人的行为和活动模式，提供舒适、便捷的使用体验，使他们的作品在实际应用中是可行和实用的。

（3）美观性原则。数字环境艺术设计应注重美观和审美价值，通过色彩、形态、材质等设计元素的巧妙搭配和组合，创造出具有视觉美感和艺术感染力的空间环境。

（4）整体性原则。设计应注重空间的整体性和协调性，确保各个设计元素之间的和谐统一。在设计中应考虑空间的整体布局、色彩搭配、材质选择等方面，营造出统一而协调的空间氛围。

（5）可持续性原则。数字环境艺术设计应注重环保和节能，采用可再生资源和环保材料，减少能源消耗和废物排放，推动绿色设计的实践。同时，设计还应考虑空间的长期维护和管理，确保空间环境的可持续性和稳定性，数字图像编辑工具也可以帮助设计师更好地实现这一目标，通过模拟和优化设计方案，减少资源浪费和环境影响。

（6）可定制性原则。数字环境艺术作品通常具有一定程度的可定制性，可以根据不同的环境和需求进行调整与改变。这种灵活性使得作品能够适应不同的展示场景和观众群体，极大地丰富了数字环境艺术设计的使用场景。

（7）创新性原则。数字环境艺术通常借助前沿的科技手段，如人工智能、传感器技术、VR 等，创造出全新的艺术形式和体验方式。艺术家需要不断尝试和探索最新的技术，打破传统设计的限制，运用新技术、新材料和新理念，创造出独特而富有吸引力的空间环境，带来更具创新性和前瞻性的作品。

这些原则不仅适合数字环境艺术的设计与创作，也是数字艺术领域的一般性原则，有助于指导艺术家创造出更具有影响力和吸引力的作品。

三、数字化手段在环境艺术设计中的虚拟美学剖析

数字化手段在环境艺术设计中的应用，为虚拟美学的创造和体验带来了全新的可能性。数字化手段的运用，不仅让设计过程更加高效、精确，更为设计师提供了一个全新的创作平台，使他们能够以前所未有的方式探索和实践虚拟美学。

（1）虚拟美学的定义及特点。虚拟美学是指通过数字技术，如 VR、AR 等，创造出虚拟环境中的美学体验。这种美学体验具有高度的互动性和沉浸感，能够让人们在虚拟世界中感受到与现实世界相似的感官刺激和情感共鸣（图 4-59）。

图 4-59　带 VR 眼镜的男孩

（2）数字化手段在环境艺术设计中的应用

①虚拟实现技术。数字技术能够模拟出接近现实的场景，使环境艺术设计在虚拟世界中得以实现。例如，通过 3D 建模和渲染技术，设计师可以创建出逼真的建筑、景观等环境元素，并对其进行多角度、全方位的展示。

②互动设计。数字技术使得环境艺术设计不再局限于静态的展示，而是可以通过互动设计，让人们在虚拟环境中进行实时的操作和体验。这种互动设计不仅增加了设计的趣味性，而且能够让人们更加深入地了解设计理念和空间布局。

③实时反馈。数字技术还可以提供实时的反馈机制，使得设计师在创作过程中能够及时调整和优化设计方案。这种反馈机制能够大大提高设计的效率和准确性，同时能为设计师提供更多的创作灵感和可能性。

（3）虚拟美学在环境艺术设计中的意义

①提升设计质量。数字化手段的运用使得环境艺术设计在虚拟世界中得以实现，从而能够更加准确地模拟出实际环境中的光影、材质等效果。这种模拟效果能够帮

助设计师更好地把握设计的细节和整体效果，从而提升设计质量。

②增强用户体验。虚拟美学为人们提供了全新的体验方式，使得人们能够在虚拟环境中感受到与现实世界相似的感官刺激和情感共鸣。这种体验方式能够增强用户的参与感和沉浸感，提高用户对设计的满意度和认可度。

③推动创新发展。数字化手段的运用为环境艺术设计带来更多的创新可能性。通过 VR、AR 等技术，设计师可以创造出更加丰富多彩、独具特色的设计方案，推动环境艺术设计的创新发展。

数字化手段在环境艺术设计中的应用为虚拟美学的创造和体验带来了全新的可能性。这种可能性不仅体现在技术层面上的创新和突破，更体现在设计理念和审美观念上的拓展和深化。随着数字技术的不断发展和完善，相信未来环境艺术设计和虚拟美学将会呈现出更加丰富多彩、独具特色的面貌。数字化手段在环境艺术设计中的运用是一次技术与艺术的深度融合。它为设计师们提供了全新的创作平台和工具，让他们能够以前所未有的方式探索和实践虚拟美学。随着数字技术的不断发展，数字化手段将在环境艺术设计领域发挥更加重要的作用，为人们创造出更加美好、丰富和创新的艺术世界。

四、课题训练

1. 数字图像编辑在环境艺术中的应用课题训练

（1）简述数字图像编辑在环境艺术设计中的应用优势。

（2）结合本章内容收集数字图像编辑在环境艺术中其他应用的案例。

2. 数字环境艺术设计原则课题训练

说出三个数字环境艺术设计作品，并分析遵循了哪些原则。

参考文献

[1] 王秋雨.MATLAB 图像处理的几个应用实例 [J].福建电脑，2011,27（11）：6-7.

[2] 张策.高速包装机械手视觉控制系统研究与开发 [D].天津：天津大学，2008.

[3] 马小林.基于图像反馈的角度测量系统集成研究 [D].杭州：浙江大学，2008.

[4] 李晓莉.自动行走机器人视觉导航系统仿真及行走控制系统设计 [D].哈尔滨：东北农业大学，2011.

[5] 刘艳华.基于高分辨率 CCD 相机的 X 射线实时图像的处理与分析 [D].太原：中北大学，2010.

[6] 李婷姣.基于 CNN 奶牛数字图像边缘提取的研究与应用 [D].保定：河北农业大学，2011.

[7] 谭亮.基于漏磁的金属缺陷检测数据的可视化方法研究 [D].沈阳：东北大学，2013.

[8] 蔡勇智.数字图像处理在家庭安防系统中的应用 [J].中国公共安全，2015（15）：124-125.

[9] 夏咏梅.低照度图像降噪技术研究 [D].南京：南京理工大学，2009.

[10] 樊灵燕.数字处理技术和图像处理技术的室内设计系统研究 [J].现代电子技术，2021，44（9）：38-42.

[11] 淮永建，张晗，张帅.面向 VR 应用的花卉植物物理渲染技术研究与实现 [J].电子与信息学报，2018，40（7）：1627-1634.

[12] 陈木生.一种新的基于小波变换的图像去噪方法 [J].光学技术，2006（5）：796-798.

[13] 于金娜.试论计算机图形图像处理软件在平面设计中的应用 [J].信息系统工程，2023（11）：51-54.

[14] 杨晓玲.《数字图像处理》课程思政教学案例设计 [J].电脑与信息技术，2023，31（4）：120-121.

[15] 王盼盼.计算机图像处理的应用与发展探究 [J].信息记录材料，2024，25（2）：48-50.

[16] 于金娜.试论计算机图形图像处理软件在平面设计中的应用 [J].信息系统工程，2023（11）：51-54.

[17] 张燕燕.PhotoShop 软件在平面设计中的应用分析 [J].办公自动化，2023，28（5）：59-61.

[18] 杨丽.试论计算机图形图像处理软件在平面设计中的应用 [J].电脑知识与技术，2021，17（34）：111-112.

[19] 唐怡如，渠浩.平面设计中计算机设计软件的应用 [J].电子技术与软件工程，2022

（1）：65-68.

[20] 王宁宁, 王秒. 浅析虚拟现实技术与数媒专业教学的融合 [J]. 艺术家，2018（12）：100.

[21] 马基英. 论虚拟现实技术在计算机教学中的运用 [J]. 电脑与信息技术，2020（3）：91-94.